Die hydraulischen Einrichtungen des Maschinen-Laboratoriums der Staatl. Württ. Höheren Maschinenbauschule in Eßlingen am Neckar

mit einem Anhang

Die Messung kleinster Wassergeschwindigkeiten mit dem hydrometrischen Flügel

Von

Prof. Dr.-Ing. A. Staus

Mit 46 Textabbildungen
und 10 Zahlentafeln

Springer-Verlag Berlin Heidelberg GmbH
1925

ISBN 978-3-662-31423-4   ISBN 978-3-662-31630-6 (eBook)
DOI 10.1007/978-3-662-31630-6

Dr. Ludwig Ott, Kempten
in Dankbarkeit zugeeignet

Vorwort.

Von verschiedenen Seiten schon wurde ich aufgefordert, die Einrichtungen des Eßlinger Maschinen-Laboratoriums zu beschreiben. Durch eine Arbeit: „Die Messung kleinster Wassergeschwindigkeiten mit dem hydrometrischen Flügel", die ich in der Hauptsache im Laufe des Sommersemesters 1924 erledigen konnte, bot sich die Möglichkeit, einen Teil dieser Einrichtungen, soweit diese sich auf die Hydraulik und ihre Anwendungen beziehen, zusammenfassend mitzuteilen und im Anhang gedrängt, aber, wie ich hoffe, ausreichend über die erwähnte Arbeit zu berichten.

Wenn es mir gelungen ist, trotz der Not der Zeit unser Maschinen-Laboratorium so weit auszubauen, daß es nicht nur Lehrzwecken, sondern in beschränktem Maße auch der wissenschaftlichen Forschung dienen kann, so verdanke ich dies neben dem weitherzigen und verständnisvollen Entgegenkommen der Industrie, bei der ich selten eine Fehlbitte tat und auf deren wohlwollende Unterstützung ich auch fernerhin rechne, vor allem der teilweise aufopfernden Mitarbeit meiner bisherigen Assistenten, der Herren Chr. Meyer, M. Binetsch, K. Lang und O. Hoffmann, und meines Personals, Maschinenmeister G. Dittus und Mechaniker P. Beutel. Leider wurde der letzte Assistent im März 1923 abgebaut, und da auch die Zahl des Personals im Verhältnis zur Größe des Laboratoriums völlig unzureichend ist, so können die Pläne für die weitere Ausgestaltung unseres Maschinen-Laboratoriums nur langsam ausreifen.

Bei den Versuchseinrichtungen habe ich mich in vorliegender Schrift nicht auf eine beschreibende Darstellung allein beschränkt, sondern nach Möglichkeit jeweils auch Versuchsergebnisse in tabellarischer oder graphischer Form gebracht, um dem Leser ein Urteil über die Leistungsfähigkeit unserer Einrichtungen zu ermöglichen.

Die mitgeteilten Versuche wurden fast alle von Schülern bei den Laboratoriumsübungen ausgeführt. In den Zahlentafeln sind Muster einiger bei uns verwendeter Formulare annähernd wiedergegeben. Hieraus läßt sich auch die Versuchsdurchführung erkennen.

Der Verlagsbuchhandlung Julius Springer schulde ich für die innere Ausstattung der kleinen Schrift meinen besonderen Dank.

Ober-Eßlingen/Neckar, im Juli 1925.

A. Staus.

Inhaltsverzeichnis.

I. Die hydraulischen Einrichtungen des Maschinen-Laboratoriums.

Einleitung.

Im Jahre 1913 wurde die Königl. Württembergische Maschinenbauschule Stuttgart, bis dahin an die Königl. Württembergische Bau-
gewerkeschule Stuttgart angegliedert, selbständig gemacht und als
Staatliche Württembergische Höhere Maschinenbauschule nach Eßlingen
verlegt. Auch der Lehrplan wurde teilweise geändert, insbesondere
sollte der Laboratoriumsunterricht weiter ausgebaut werden. Bei dem
Neubau der Schule in Eßlingen wurde hierauf in weitgehendem Maße
Rücksicht genommen, so daß die Schule in ihrem neuen Heim über
folgende Laboratorien verfügt: Physikalisches und chemisches Laboratorium, Laboratorium für Materialprüfung, Elektrotechnisches und
Technologisches Laboratorium, Maschinen-Laboratorium. Das letztere
ist neben dem Technologischen Laboratorium und der allgemeinen
Werkstatt in einem besonderen Gebäude untergebracht und umfaßt in
der Hauptsache einen Maschinensaal von 12/24 m und ein Kesselhaus
von 12/12 m Grundfläche, wozu noch Nebenräume für Kohlen, Öl und
Vorräte kommen. Zum Maschinen-Laboratorium gehört auch noch
eine Versuchsturbinenanlage mit Schirmmessung, welche in der über
der Kanalstraße am Wehrneckarkanal liegenden ehemaligen Bauerschen
Mühle eingebaut ist. —

Bis zur Jahrhundertwende und auch noch einige Jahre später lag
der Schwerpunkt des Unterrichts in Maschinenlaboratorien auf dem
Gebiet der Wärmekraftmaschinen. Mit der großartigen Entwicklung
der Wasserkraftanlagen mußte auch der Laboratoriumsunterricht
Schritt halten, so daß die Versuche auf dem Gebiete der Hydraulik
mindestens ebenso wichtig geworden sind, wie die auf dem Gebiet der
Thermodynamik. An Technischen Hochschulen hat diese Entwicklung
schon seit Jahren zu einer vollständigen Trennung der Laboratorien
geführt, die vielfach Lehr- und Forschungszwecken dienen. Die
erheblichen Bau-, Einrichtungs- und Betriebskosten solcher großen
Laboratorien werden einer technischen Mittelschule nicht zur Verfügung
gestellt. Sofern es sich nur um Unterrichtszwecke handelt, läßt sich

auch mit bescheideneren Mitteln Ersprießliches leisten. Handelt es sich doch hierbei in erster Linie darum, den Schülern zu zeigen und sie anzuleiten, wie man richtig beobachtet, zweckmäßig Versuche anstellt, Maschinenanlagen prüft und untersucht. Dazu genügen verhältnismäßig kleine Aggregate nicht nur vollkommen, sondern sie haben auch den großen Vorteil geringer Unterhaltungs- und Betriebskosten. — Auch die Trennung in ein Laboratorium für Wasserkraft- und Wärmekraft- maschinen und dieses womöglich noch unterteilt in ein solches für Dampf- und Gasmaschinen läßt sich an einer technischen Mittelschule kaum durchführen, ist auch hier mit keinen besonderen Vorteilen verknüpft. Die Einheitlichkeit der Leitung und Unterrichtsmethode hat für die Schüler auch ihre Vorzüge.

Unter diesen Gesichtspunkten ist das Maschinenlaboratorium der Maschinenbauschule Eßlingen entstanden und eingerichtet worden. Um einen Überblick über den Gesamtbestand an Maschinen und Ver- suchseinrichtungen zu geben, seien zunächst die zur Thermodynamik und ihren Anwendungen zu zählenden Maschinen usw. kurz erwähnt — eine ausführlichere Darstellung behalte ich mir für später vor —, während die hydraulischen Einrichtungen eingehender besprochen werden sollen. Es sind vorhanden und, wo dies nicht besonders bemerkt, bis jetzt voll- ständig betriebsreif und mit den entsprechenden Versuchseinrichtungen versehen aufgestellt:

Ein Heißdampf-Wasserröhrenkessel von Streicher in Cannstatt von 50 qm Heizfläche für 15 at Druck und bis zu 350° Überhitzung mit Zu- behör, wie Wasserreiniger, Speisepumpe, Wage mit Gefäß für die Speisewassermessung, Kohlenwage.

Eine liegende Zwillings-Verbund-Dampfmaschine von Kohllöffel in Reutlingen von 225/400 mm Zylinderdurchmesser, 500 mm Hub mit Ventilsteuerung und Oberflächenkondensation.

Eine 40-PS-Elektra-Dampfturbine mit Gleichstromgenerator und Zentrifugalkondensator (nicht im Betrieb).

Eine Einzylinder-Sattdampf-Auspufflokomobile von Assmann & Stock- der in Cannstatt von 160 mm Zylinderdurchmesser und 280 mm Hub.

Eine stehende Verbund-Dampfmaschine von Kohllöffel in Reutlingen von 150/240 mm Zylinderdurchmesser und 240 mm Hub mit Achs- regler und Schiebersteuerung, Einspritzkondensation, an den Lokomobil- kessel angeschlossen (in Aufstellung begriffen).

Eine 2 PS atmosphärische Gasmaschine von der Gasmotorenfabrik Deutz.

Ein 4-PS-Zwillings-Schieber-Gasmotor von Deutz.

Ein 4-PS-Benzolmotor von Kaelble in Backnang.

Ein 6,5-PS-Leuchtgasmotor von Benz in Mannheim.

Ein 10-PS-Dieselmotor von Augsburg.

Ein 5/15-PS-Automobilmotor von Neckarsulm.

Ein 16-PS-Automobilmotor von Daimler.

Ein Tischventilator der Elektromophon A.-G. Vaihingen.

Ein Rateau-Gebläse von Kühnle, Kopp und Kausch, Frankenthal.

Ein Kolben-Kompressor von Klein, Schanzlin und Becker in Frankenthal.

Ein Junkerssches Kalorimeter für gasförmige und flüssige Brennstoffe.

Ein Kubizier-Apparat von 800 Liter zur Eichung von Gasuhren und Düsen.

Ferner: 12 Indikatoren verschiedener Systeme, Manometer, Apparat zum Prüfen von Manometern bis 20 at, Vorrichtung zum Eichen von Indikatorfedern, Meßapparat für Eichdiagramme, Orsatapparat, Thermometer, 2 Nadir-Millivoltmeter mit Nebenschlüssen und Vorschaltwiderständen, ein Nadir-Galvanometer für elektrische Temperaturmessung, Flügelrad-Anemometer, Staurohr mit Mikromanometer, Normalbarometer.

Es ist somit für dieses Unterrichtsgebiet das Hauptsächlichste vorhanden, um die für die Praxis wichtigsten Versuche vorführen und einüben zu können.

Die hydraulischen Einrichtungen sind an Zahl geringer, wenn sie auch räumlich fast ebensoviel Platz beanspruchen wie die Wärmekraftmaschinen. Es sind bis jetzt vorhanden und versuchsreif aufgestellt:

Ein gerades Rohr zur Bestimmung der Widerstandszahl von strömendem Wasser.

Eine Differentialplungerpumpe.

Ein hydraulischer Kasten zur Untersuchung kleiner Überfälle bis 13 Sekundenliter.

Ein kleines hydraulisches Gerinne von 600 mm Breite mit 60 Sekundenlitern Höchstleistung.

Eine 10-PS-Francisturbine mit Schirmmessung.

Eine Prüfeinrichtung für hydrometrische Flügel.

Ferner: Ein Venturimesser von 120 mm Lichtweite, Danaiden verschiedener Bauart von $1/4$—60 Sekundenliter Leistung, 7 hydrometrische Flügel von den ältesten bis zu den neuesten Ausführungen, Dreihebelchronograph mit Sekundenuhr, Stoppuhren.

Wünschenswert wären noch eine Hoch- und eine Niederdruck-Zentrifugalpumpe mit gemeinsamem Antriebmotor.

Das gerade Rohr.

Zur Bestimmung der Widerstandszahl eines geraden Rohres dient die in Abb. 1 gezeichnete Vorrichtung.

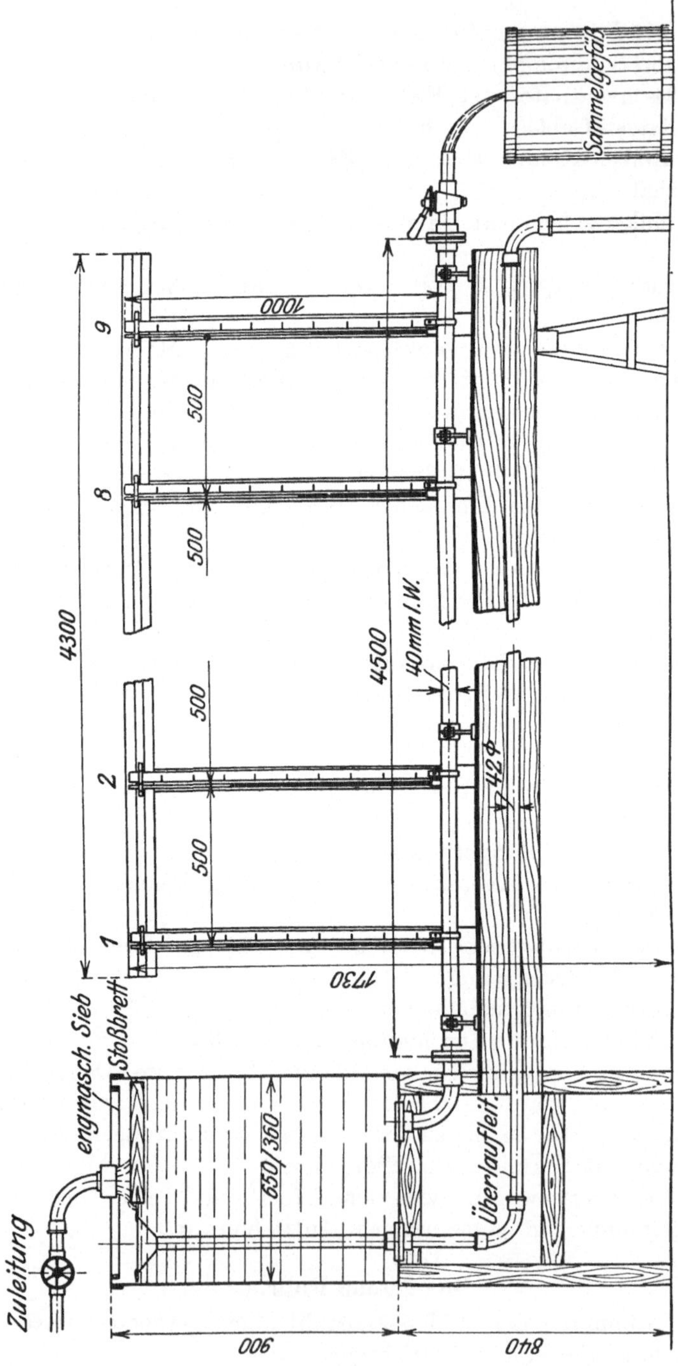

Abb. 1. Vorrichtung zur Bestimmung der Widerstandszahl eines geraden Rohres.

Ein blank gezogenes Messingrohr von 4500 mm Länge, 40 mm l. W. und 2 mm Wandstärke ist in vertikal justierbaren Lagerstühlen genau horizontal verlegt und einerseits mit einem Krümmer an einen Wasserbehälter mit Überlaufeinrichtung zur Erzielung konstanten Druckes angeschlossen, andererseits mit einem Durchlaufhahn versehen. Je nach der Hahnstellung kann die durchströmende Wassermenge zwischen 0 und etwa 2,4 Sekundenliter entsprechend den mittleren Wassergeschwindigkeiten im Rohr von 0 bis 1,9 m/sk verändert werden. — Auf dem Rohr sitzen in Abständen von 500 mm 9 Piezometer, 8 mm weite Glasrohre mit Skalen, deren Nullpunkte in der Rohrachse liegen. Die Anschlußbohrungen in der Rohrwand sind knapp 1 mm. Der innere Grat wurde durch Ausschleifen sorgfältig beseitigt.

Zahlentafel 1. Beobachtungswerte.

Versuch am 13. November 1922.

Nr. des Versuchs	Piezometerstände in mm Wassersäule									Wassermessung	
	1	2	3	4	5	6	7	8	9	Abfangdauer in sk	Wassermenge in kg
1	959	955	956	948	944	941	937	934	929	200	111,55
2	946	941	934	923	923	917	911	906	900	200	145,67
3	929	920	912	902	894	885	876	868	860	180	165,20
4	908	895	882	870	858	846	834	823	809	150	165,75
5	882	864	846	831	815	799	782	767	749	120	156,67
6	848	824	804	781	760	738	716	695	674	110	168,03
7	814	784	757	731	705	677	650	625	598	90	154,30
8	774	738	704	673	639	607	574	543	510	80	152,70
9	725	682	641	602	563	524	484	445	406	70	147,92
10	666	612	563	516	469	422	375	329	281	60	141,44

Zahlentafel 2. Versuchsergebnisse.

Versuch am 13. November 1922.

Nr. des Versuchs	Druckabfall w		Wassermenge Q in cbm/sk	Mittlere Durchflußgeschwindigkeit v in m/sk	v^2	Widerstandszahl λ
	unmittelbar gemessen in m	korrigiert in m				
1	0,030	0,029	0,000558	0,444	0,197	0,02888
2	0,046	0,046	0,000728	0,580	0,336	0,02681
3	0,069	0,070	0,000917	0,730	0,533	0,02578
4	0,099	0,099	0,001105	0,879	0,774	0,02510
5	0,133	0,132	0,001306	1,039	1,080	0,02398
6	0,174	0,172	0,001528	1,216	1,480	0,02280
7	0,216	0,214	0,001714	1,365	1,862	0,02255
8	0,264	0,259	0,001909	1,518	2,308	0,02202
9	0,319	0,314	0,002113	1,683	2,832	0,02175
10	0,385	0,377	0,002357	1,876	3,520	0,02102

Die Durchführung der Versuche geht aus Zahlentafel 1, den Beobachtungswerten, die Auswertung aus Zahlentafel 2, den Versuchsergeb-

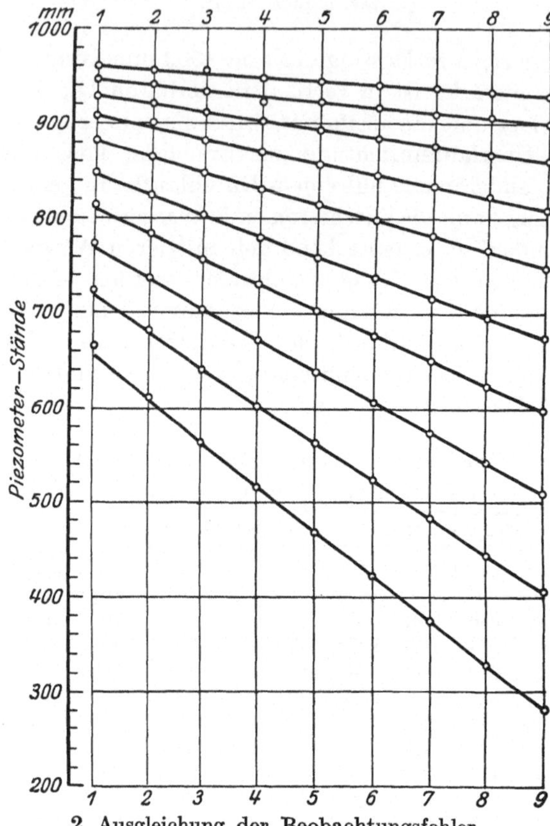

2. Ausgleichung der Beobachtungsfehler.

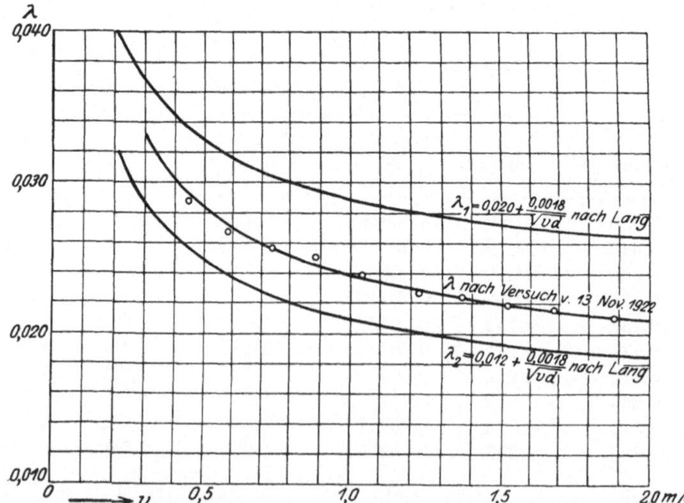

Abb. 3. Widerstandszahl eines blank gezogenen Messingrohres von 40 mm l. W.

nissen, hervor. Vor Eingang in die Rechnung werden die unvermeidlichen Beobachtungsfehler für den Druckabfall, der hierbei genau pro-
portional zur Rohrlänge stattfinden muß, mit Hilfe eines gespannten
Fadens graphisch ausgeglichen, Abb. 2.

Die Versuchsergebnisse sind in Abb. 3 graphisch dargestellt und
lassen erkennen, daß die ermittelten Widerstandszahlen zwischen den
von Lang für Gußeisen und blank gezogenes Rohr mitgeteilten Werten
liegen. Daß sie sich nicht mit dem einen Wert decken, findet seine
Erklärung in der im Laufe der Zeit stattgehabten Inkrustation des
Rohres.

Die Widerstandszahl größerer Rohre kann in der Druckleitung des
kleinen hydraulischen Gerinnes bestimmt werden (S. 19).

Apparat zum Nachweis der kritischen Geschwindigkeit.

Um zu zeigen, wie Wasser in Rohrleitungen fließt, um ein anschauliches
Bild der laminaren und turbulenten Strömung, nach
Krey auch „Band" und „Flecht"strömung ge-
nannt, sowie der kritischen Geschwindigkeit zu
geben, wird der von Reynolds angegebene Apparat
in der Ausführung nach Abb. 4 benutzt.

Ein 14,7 mm weites Glasrohr a ist an ein größeres
flaches, mit Wasser gefülltes Zinkgefäß b angeschlossen. Das Glasrohr endigt unten in einem mit
Hahn c versehenen Gasrohr. Je nach der Stellung
des Hahns kann auch hier die Wassergeschwindigkeit von Null bis zu einem Maximum verändert
werden. Zur Erkennung des Strömungsvorganges
läuft aus einem zweiten kleineren Gefäß e, durch
einen Quetschhahn f regulierbar, mit Eosin oder
ähnlichem Anilinfarbstoff gefärbtes Wasser durch
ein spitz ausgezogenes Glasröhrchen g in das
Hauptrohr a. Ein hinter dem Glasrohr befestigtes
schwarz angestrichenes Blech d läßt das Strömungs-
bild besser erkennen. — Unter der kritischen
Geschwindigkeit durchläuft das gefärbte Wasser
aus der Spitze in einem deutlich sichtbaren Band
das ungefärbte Wasser. Über der kritischen Geschwindigkeit, die hier bei etwa 6 cm/sk eintritt,
ist Turbulenz oder Flechtströmung zu beobachten.

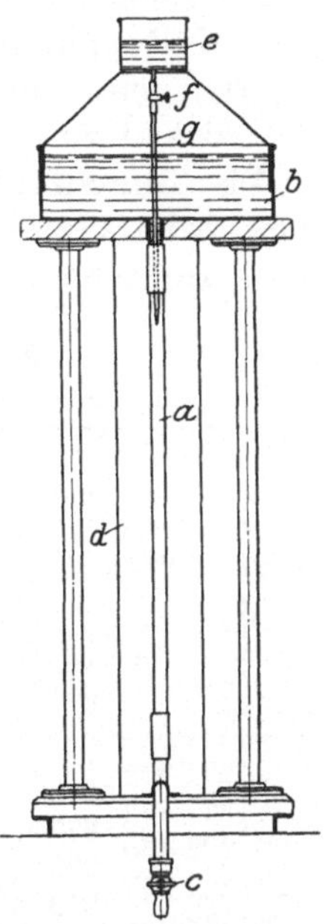

Abb. 4. Apparat nach
Reynolds zum Nach-
weis der kritischen Ge-
schwindigkeit.

Die Differentialplungerpumpe.

Die liegende Pumpe, von der Maschinenfabrik Eßlingen erbaut,
weist gegenüber einer normalen Ausführung die Vervollständigungen

auf, daß ihr Hub an der Kurbelscheibe von 50—350 mm eingestellt werden kann, und daß sie über den Ventilen seitliche Schaugläser besitzt, um das Ventilspiel mit freiem Auge zn beobachten. Auch ist vorgesehen, daß Ventilerhebungsdiagramme mittels besonderer Indikatoren abgenommen werden können. Der Plungerdurchmesser beträgt 100/140 mm. — Die Pumpe, von einem Gleichstrommotor mit veränderlicher Tourenzahl, unter Verwendung einer Spannrolle — eines Geschenks der Firma Lohmann und Stolterfoht, Witten an der Ruhr —, durch Riemen betrieben, saugt aus einem etwa 26 m entfernten Brunnen und fördert das Wasser entweder in einen unter dem Dach des Kesselhauses aufgestellten Hochbehälter von 15 cbm Inhalt oder durch einen Drosselschieber zur Mengenbestimmung in eine Danaide. Bei letzterer, bei den Versuchen angewendeten Betriebsweise kann die Druckhöhe mit dem Drosselschieber bis zu 10 at eingestellt werden. In der Regel wird mit 4 at auf der Druckseite gearbeitet.

Die Versuchseinrichtungen gestatten, die sämtlichen 5 Wirkungsgrade einer Kolbenpumpe, nämlich den volumetrischen, hydraulischen, indizierten, mechanischen und den Gesamtwirkungsgrad, mit großer Zuverlässigkeit zu ermitteln.

Die Tourenzahl des Elektromotors wird unter Zwischenschaltung eines Zahnradreduktors 1 : 5, diejenige der Pumpe unmittelbar an einem Hubzähler abgelesen. — Der Stromverbrauch des Elektromotors

Zahlentafel 3. Beobachtungswerte.
Leistungsversuch an der Differential-Plungerpumpe vom 23. Juli 1924.

Zeit	Tourenzahl an der Pumpe		Saughöhe			Druckhöhe		Tourenzähler am Elektromotor		Volt	Amp.	Danaide Druckhöhe
			Pegel im Brunnen	Saugwindkessel		Druckwindkessel						
				Unterdruck	Wasserspiegel unter Pumpenachse	Überdruck	Wasserspiegel über Pumpenachse					
	Stand	Differenz	m	mm QS	m	mm QS	m	Stand	Differenz			
h min												cm
11 10	221 895	278	0,653	205	0,350	2957	0,734	0817	332	240,4	14,10	66,0
15	222 173	277	0,653	200	0,352	2956	0,725	1149	331	240,4	14,10	66,0
20	222 450	279	0,652	201	0,351	3083	0,720	1480	332	240,4	14,10	66,3
25	222 729	279	0,651	200	0,351	2967	0,710	1812	336	242,4	14,20	66,1
30	223 008	279	0,650	200	0,350	3021	0,705	2148	333	243,6	14,30	67,3
35	223 287	279	0,649	201	0,351	3001	0,698	2481	333	242,4	14,30	66,9
40	223 566	280	0,649	200	0,350	2999	0,683	2814	335	240,8	14,20	66,8
45	223 846	281	0,648	201	0,351	3026	0,673	3149	335	243,6	14,36	67,3
50	224 127	281	0,647	201	0,351	3039	0,668	3484	337	243,8	14,36	67,7
55	224 408		0,646	202	0,352	3072	0,662	3821		244,4	14,40	68,1
Mittelwerte . . .			0,650	201	0,351	3012	0,777			242,2	14,24	66,85

Anm.: Der Tourenzähler am Motor wurde mit einem Reduktor 5 : 1 angetrieben. — Bei der Danaide liefen die Strahlen 1 bis 7.

wird mit Präzisionsinstrumenten (Millivoltmeter mit Vorschaltwiderstand und Nebenschluß von Nadir) gemessen, die von ihm abgegebene Leistung durch einen Bremsversuch bestimmt. — Zum Indizieren dient ein Indikator mit Evolventen-Hubreduktor[1]). — Die Drucke werden zwar auch an den Betriebsfedermanometern mit abgelesen, doch zur Ausrechnung nur die an die Lufträume der Windkessel angeschlossenen, viel zuverlässigeren offenen Quecksilbermanometer benutzt. Für die geodätische Saughöhe wird ein Schwimmerpegel im Brunnen eingerichtet, dessen Angabe durch Nivellement auf die Pumpenachse bezogen wird. — Die Fördermenge wird, wie erwähnt, mit einer 16-Loch-Danaide gemessen, die gleichzeitig mit dem Pumpenversuch, doch ganz unabhängig von ihm, geeicht wird. Sie soll im Zusammenhang mit den übrigen im Laboratorium verwendeten Danaiden im folgenden Abschnitt besprochen werden.

In Zahlentafel 3 ist ein Versuchsprotokoll wiedergegeben, auf Grund dessen sich folgende Wirkungsgrade ermitteln ließen:

$$\text{Volumetrischer Wirkungsgrad} \ . \ . \ . \ \eta_v = 0{,}967.$$
$$\text{Hydraulischer} \qquad\qquad \text{,,} \qquad . \ . \ . \ \eta_h = 0{,}943.$$
$$\text{Indizierter} \qquad\qquad\quad \text{,,} \qquad . \ . \ . \ \eta_i = 0{,}913.$$
$$\text{Mechanischer} \qquad\qquad \text{,,} \qquad . \ . \ . \ \eta_m = 0{,}904.$$
$$\text{Gesamt-} \qquad\qquad\qquad \text{,,} \qquad . \ . \ . \ \eta \ = 0{,}825,$$

$$\text{oder} \ \eta = \eta_v \cdot \eta_h \cdot \eta_m = 0{,}825.$$

Bei Berechnung des mechanischen Wirkungsgrades konnte bei dem Verlust in der Riemenübertragung nur der verhältnismäßige Gleitverlust bestimmt werden, für die übrigen Teilverluste, wie Seilsteifigkeit, durch den Riemenzug vergrößerte Lagerreibung und Luftwiderstand, wurde ein Zuschlag von 2% gemacht[2]).

Prüfung von Wassermessern mit der Differentialplungerpumpe.

Die Möglichkeit, Hub, Tourenzahl und Druck innerhalb bestimmter Grenzen nach Belieben einzustellen, gestattet es, mit der Pumpe auch größere Wassermesser in bequemer Weise zu prüfen. So wurde z. B. auf Wunsch eines großen Dampfkraftwerkes ein Siemensscher Scheibenwassermesser von 70 mm Anschlußweite untersucht, nachdem er längere Zeit im Betrieb und frisch gereinigt war. Als stündliche Durchflußmenge waren 8 cbm angegeben. Der Messer wurde in die Druckleitung der Pumpe vor dem Drosselschieber eingebaut. Die Wassermessung geschah mit

---

[1]) Staus, A.: Der Indikator und seine Hilfseinrichtungen, S. 136, Abb. 149. Berlin: Julius Springer.

[2]) Eine ausführliche Mitteilung dieses Versuches findet sich in: Staus, A.: Zur Betriebskontrolle der Kolbenpumpen. München: Oldenburg 1925.

der 16-Loch-Danaide, deren Eichung an den beiden Versuchstagen eine Übereinstimmung von 0,1% ergab. Die Ergebnisse waren folgende:

Nr. des Versuchs	1	2	3
Datum des Versuchs	24. Okt. 1924	24. Okt. 1924	25. Okt. 1924
Betriebsdruck in at	0,2	4,0	8,0
Beobachtete Durchflußmenge in Litern	2000	3000	3000
Zeitverbrauch in sk	880	1315	1320
Durchflußmenge in l/sk	8183	8215	8180
Wirkliche Durchflußmenge nach der Danaide in l/st	8120	8141	8101
Differenz in l/st	63	74	79
Differenz in % der Messerangabe . . .	0,77	0,90	0,97

Es zeigte sich somit eine gute Übereinstimmung zwischen angezeigter und wirklicher Durchflußmenge und eine geringfügige, praktisch zwar belanglose Zunahme des Anzeigewertes mit zunehmendem Betriebsdruck.

Wassermesser bis 200 mm Lichtweite können in der Druckleitung des kleinen hydraulischen Gerinnes untersucht werden.

Die Danaiden.

Immer noch wird von der Wassermessung mit Danaiden[1]), deren Einführung E. Brauer zu verdanken ist, in der Praxis viel zuwenig Gebrauch gemacht. Selbst in manchen Laboratorien ist sie völlig unbekannt, obwohl sie so viele Vorzüge wie Genauigkeit, leichte und

Zahlentafel 4.
Bestimmung des Ausflußkoeffizienten einer kreisrunden Öffnung.

Mündungsdurchmesser = 1,151 cm
Mündungsquerschnitt = 1,04 qcm

Zeit h min	Mittlere Druckhöhe cm	Abfang-dauer sk	Wassermenge in g		$\sqrt{h}$	μ	q^2
			insgesamt	in 1 sk			
1 44	3,88		6 650	66,5	1,970	0,733	4 420
55	8,06		9 350	93,5	2,838	0,715	8 742
2 6	12,84		11 500	115,0	3,585	0,696	13 225
11	19,07		13 750	137,5	4,368	0,683	18 906
26	25,96		15 700	157,0	5,096	0,669	24 650
36	34,13	100	17 850	178,5	5,843	0,663	31 860
45	42,98		19 900	199,0	6,556	0,659	39 600
55	52,87		22 000	220,0	7,274	0,656	48 400
3 5	64,01		24 000	240,0	8,000	0,651	57 600
13	75,93		26 000	260,0	8,774	0,647	67 600
22	89,05		28 150	281,5	9,438	0,647	79 242

[1]) Brauer, E.: Ein neues Verfahren zur Wassermessung. Z. V. d. I. 1892, S. 1492.

billige Herstellung, bequeme Kontrolle bzw. Möglichkeit der Eichung an jedem Ort besitzt, daß ihnen kaum irgendwelche Nachteile gegenübergestellt werden können. Sie wird daher auch in unserem Laboratorium ausgiebig verwendet. Folgende Ausführungsformen seien im einzelnen erwähnt:

Die kleine Einloch - Danaide.

Ein einfaches zylindrisches Blechgefäß von 300 mm Durchmesser und 900 mm Höhe ist am Boden entweder mit einer Düse von 10,35 mm Durchmesser oder einem kreisrunden Loch von 11,51 mm Durchmesser in 1 mm starkem Blech ausgerüstet. An ihr soll der Zusammenhang zwischen Ausflußmenge und Druckhöhe — die Eichkurve — und die Veränderlichkeit des Ausflußkoeffizienten mit der Druckhöhe sowie das verschiedene Verhalten von Düsen und scharfkantigen Öffnungen gezeigt werden.

Ein Versuchsprotokoll ist in Zahlentafel 4 mitgeteilt, eine graphische Darstellung findet sich in Abb. 5. Dort ist auch das Ergebnis eines ähnlichen Versuches mit der Düse danebengestellt, soweit es den Ausflußkoeffizienten betrifft[1]). Bei scharfkantiger Öffnung nimmt der Ausflußkoeffizient mit zunehmender Druckhöhe ab, bei Düsen zu, nähert sich bei letzteren schon innerhalb der Versuchsgrenzen einem konstanten Wert, was bei scharfkantigen Öffnungen noch nicht ganz zutrifft.

Zur Ausrüstung einer jeden Danaide gehört noch ein nicht zu enges Wasserstandsglas mit Skala, deren Nullpunkt in der horizontalen Ebene durch den Ausflußendquerschnitt liegen muß, ein Schwimm- oder Stoßbrett, 1—2 cm kleiner als der Durchmesser des Gefäßes, um den zentral zufließenden Strahl rechtwinklig abzulenken, damit der übrige Wasserinhalt möglichst in Ruhe bleibt, und allenfalls noch ein engmaschiges Einhängesieb zum Abfangen größerer Unreinlichkeiten und Abhalten von Spritzwasser bei hohem Wasserstand in der Danaide.

Die 16-Loch - Danaide.

Zur Messung größerer Wasserströme bringt man am Boden des Gefäßes mehrere, zweckmäßig unter sich gleich große Meßöffnungen, Düsen oder Lochbleche, an. Sitzen diese Ausflußöffnungen genau in einer horizontalen Ebene, so fließt durch jedes Loch gleich viel aus.

---

[1]) Zur Ausgleichung der Beobachtungsfehler trägt man zu den Werten von h die Werte q^2 auf und legt durch diese Punktreihe eine ausgleichende Gerade. Hiermit berechnet man rückwärts für ganze Werte von h die entsprechenden von q, durch die nunmehr die Eichkurve gelegt wird und mit welchen ferner ausgeglichene Werte von μ berechnet werden können. Diese $q^2 - h$-Werte und die sie ausgleichende Gerade sind in Abb. 5 und 10 eingezeichnet. Nur bei den kleinen Druckhöhen geht die Ausgleichgerade, entsprechend der stärkeren Änderung von μ, in eine schwach gekrümmte Kurve über.

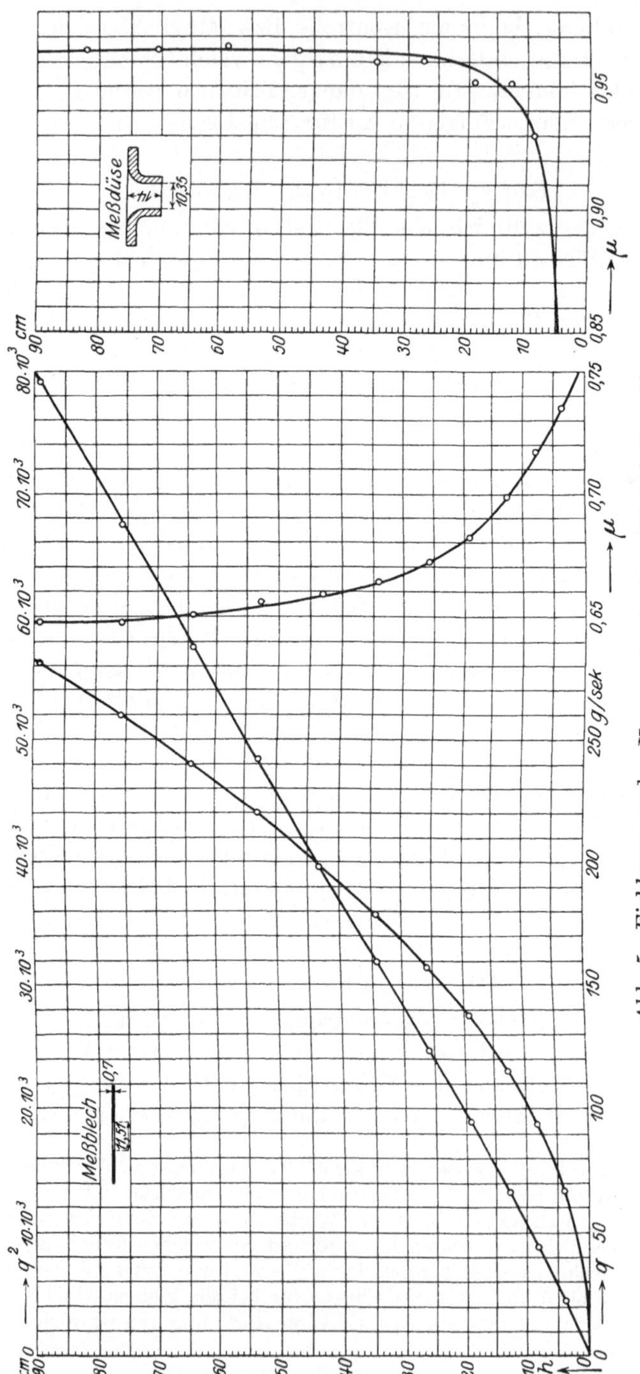

Abb. 5. Eichkurve und μ-Kurven der kleinen Einloch-Danaide.

Der ganze Wasserstrom wird gleichmäßig unterteilt, und dies ist der Danaide großer Vorzug! Nimmt man die Wasserleistung eines Strahles nicht größer als rund 1 Sekundenliter, so kann man die Strahlen mit einem geeigneten Krümmer noch bequem abfangen, die Danaide eichen. Und da dies überall gemacht werden kann, so ist man in der Lage, die Danaide an Ort und Stelle ihres Verwendungszweckes zu eichen oder wenigstens zu kontrollieren.

Die in Abb. 6 dargestellte Danaide hat 16 in einem Kreise angeordnete Meßbleche aus 1 mm starker Phosphorbronze, ein Material,

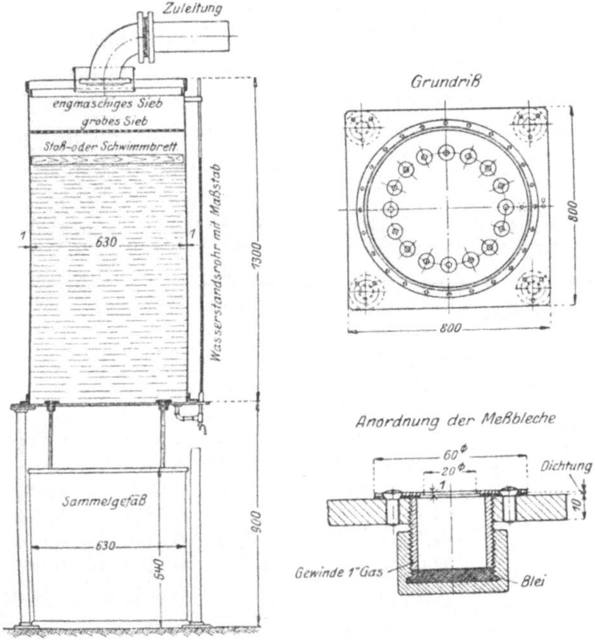

Abb. 6. Die 16-Loch-Danaide.

das sich in jahrelangem Betrieb gut bewährt hat. Ebenso gut ist Neusilberblech, notfalls tut es auch hartes Messingblech.

Verfasser zieht Meßbleche den Düsen bei Mehrlochdanaiden aus verschiedenen Gründen vor. Sie sind leicht und billig herzustellen, insbesondere können sie in ihrer Größe genau übereinstimmend angefertigt werden (Zusammenschrauben sämtlicher Bleche, Ausbohren und Ausdrehen, schließlich mit einer guten Reibahle durchgehen und dann bei jedem einzelnen Blech den evtl. vorhandenen Grat sorgfältig abschleifen). Auch ihre Befestigung ist einfach, 4—6 Messingschrauben mit Halbrund- oder Linsenköpfen genügen. Als Dichtung reicht geöltes starkes Papier oder dünne Pappe aus. — Will man bei wenig Wasser eine größere Druckhöhe erzielen, so schließt man entsprechend Löcher ab. Behelfsmäßig genügen zwecks Schonung der Meßlöcher Korkstopfen, deren Lebensdauer allerdings durch die scharfen Kanten beeinträchtigt wird. Besser hat sich die in Abb. 6 zu sehende Konstruktion bewährt. In den Danaidenboden werden einfache Gasrohrnippel eingeschraubt, oben verstemmt und mit Sechskantkappen geschlossen. Bei 20 mm Lochdurchmesser z. B. nimmt man 1″-Nippel. Zur guten Abdichtung dreht man die Nippel vorher am unteren Rand etwas konisch und sauber gerade ab, die Kappen gießt man etwa 5 mm stark mit Blei aus und dreht auch diese plan ab. Es genügt dann meistens, die Kappen von Hand anzuziehen, um einen guten Abschluß zu erzielen. — Düsen haben für Mehrlochdanaiden entschieden Nachteile. Sie sind sehr schwer unter sich in genau gleicher Größe herzustellen, viel teurer, und, wenn ihre Form nicht geschickt gewählt wird, zeigen sie mitunter ein bedenkliches hydraulisches Verhalten, wie L. Krauss[1]) beobachtet hat.

Zahlentafel 5. Eichung der 16-Loch-Danaide.

1	2	3	4	5	6	7	8	9
Nr. des Versuchs	Nr. des Eichstrahls	Abfangdauer sk	Wassermenge in kg		Mittlere Druckhöhe cm	Wassermenge in kg/sk bei 64,12 cm Druckhöhe	Abweichungen vom Mittelwert	
			insgesamt	in 1 sk			kg/sk	%
1	1		159,45	0,6640	62,14	0,6749	— 0,0040	— 0,589
2	2		161,55	0,6731	63,14	0,6783	— 0,0006	— 0,080
3	3		162,80	0,6783	64,01	0,6789	± 0,0000	± 0,000
4	4	240	164,15	0,6840	64,30	0,6830	+ 0,0041	+ 0,604
5	5		163,78	0,6824	64,25	0,6817	+ 0,0028	+ 0,412
6	6		164,15	0,6840	65,32	0,6776	— 0,0013	— 0,191
7	7		164,65	0,6863	65,67	0,6779	— 0,0010	— 0,147
Mittelwerte						0,6789	— 0,0001	— 0,015

Die Meßgenauigkeit einer Danaide mag die gelegentlich des obenerwähnten Pumpenversuches durchgeführte Eichung der einzelnen Strahlen zeigen. Es wurde von den 7 in Tätigkeit gewesenen Meßblechen jeder Strahl 240 Sekunden lang abgefangen, die Wassermenge gewogen, die Druckhöhe alle 15 Sekunden abgelesen. Es ergaben sich die Werte der Zahlentafel 5. In Spalte 7 sind die einzelnen Ergebnisse auf die mittlere Druckhöhe von 64,12 cm reduziert und müßten im idealen Fall denselben Wert liefern. Die Abweichungen von dem Mittelwert ergeben die Fehler, die ihre Ursache in den unvermeidlichen Beobachtungsfehlern

---

1) Krauss, Ludwig: Untersuchung selbsttätiger Pumpenventile und deren Einfluß auf den Pumpengang. Heft 233 der Forsch.-Arb. 1920, S. 17. Herausgegeben vom V. d. I.

und in der Unvollkommenheit der mechanischen Ausführung haben. Hieraus berechnet sich ein mittlerer Fehler von $\pm\, 0{,}17\%$, wobei den einzelnen Messungen je nach der Konstanz der Druckhöhe während des Abfangens verschiedene Gewichte beigelegt wurden.

Die 60 - Loch - Danaide.

Die 60-Loch-Danaide (Abb. 7) ist ein Bestandteil des kleinen hydraulischen Gerinnes und gestattet Wassermengen bis zu 60 Sekunden-liter oder 216 cbm/st zu messen. Meß-
bleche und Verschlüsse sind dieselben wie bei der 16-Loch-Danaide. Die Löcher sind in 2 Kreisen angeordnet, und die ganze Danaide ist, wenigstens in nicht zu vollem Zustand, zu drehen, damit jedes Loch über die fest angebrachte Abfangvorrichtung ge-stellt werden kann. Abb. 8 zeigt die Eich-kurve dieser Danaide, wie sie bei 4 ver-schiedenen, von Schülern durchgeführten Versuchen erhalten wurde. Die Lage der einzelnen, unterschiedlich bezeichneten Ver-suchspunkte läßt erkennen, daß selbst mit verhältnismäßig wenig geschulten Beob-achtern so befriedigende Ergebnisse er-zielt werden, daß in die Zuverlässigkeit der Danaidenmessung keine Zweifel zu setzen sind.

Die große Einloch - Danaide.

So einfach die Eichung von Danaiden mit verhältnismäßig kleinen Öffnungen ist, so umständlich kann sie bei großen Meß-blechen oder Düsen werden. Das Abfangen wird schwierig und, wenn nicht sehr große Gefäße mit entsprechenden Wagen zur Ver-fügung stehen, auch ungenau. Hier ist die Eichung nach der Auslaufmethode unter Verwendung eines Chronographen am Platz. Ihre Einrichtung, sowie der Eichvorgang

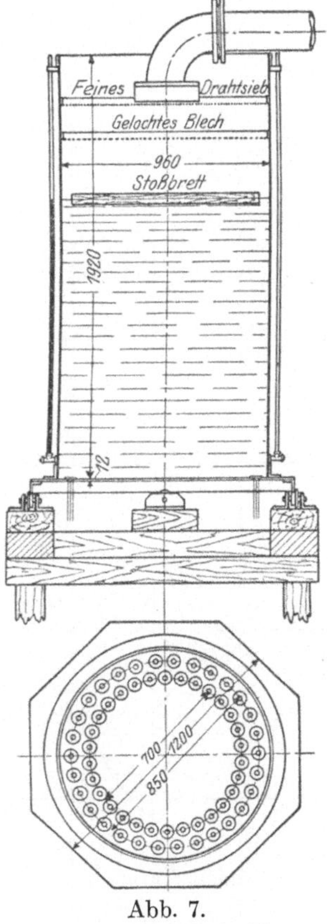

Abb. 7.
Die 60-Loch-Danaide.

geht aus Abb. 9 hervor. Die Danaide besteht aus einem zylindrischen Gefäß von 770 mm Durchmesser, 1250 mm Höhe, an dessen Boden eine mit einer Schraubkappe verschließbare „Normaldüse" aus Rotguß von 60 mm Durchmesser angeschraubt ist. Zur Eichung wird die Danaide

bei verschlossener Düse gefüllt und dann durch Entfernen der Kappe
leer laufen gelassen. Aus dem nach der Zeit beobachteten Absinken des

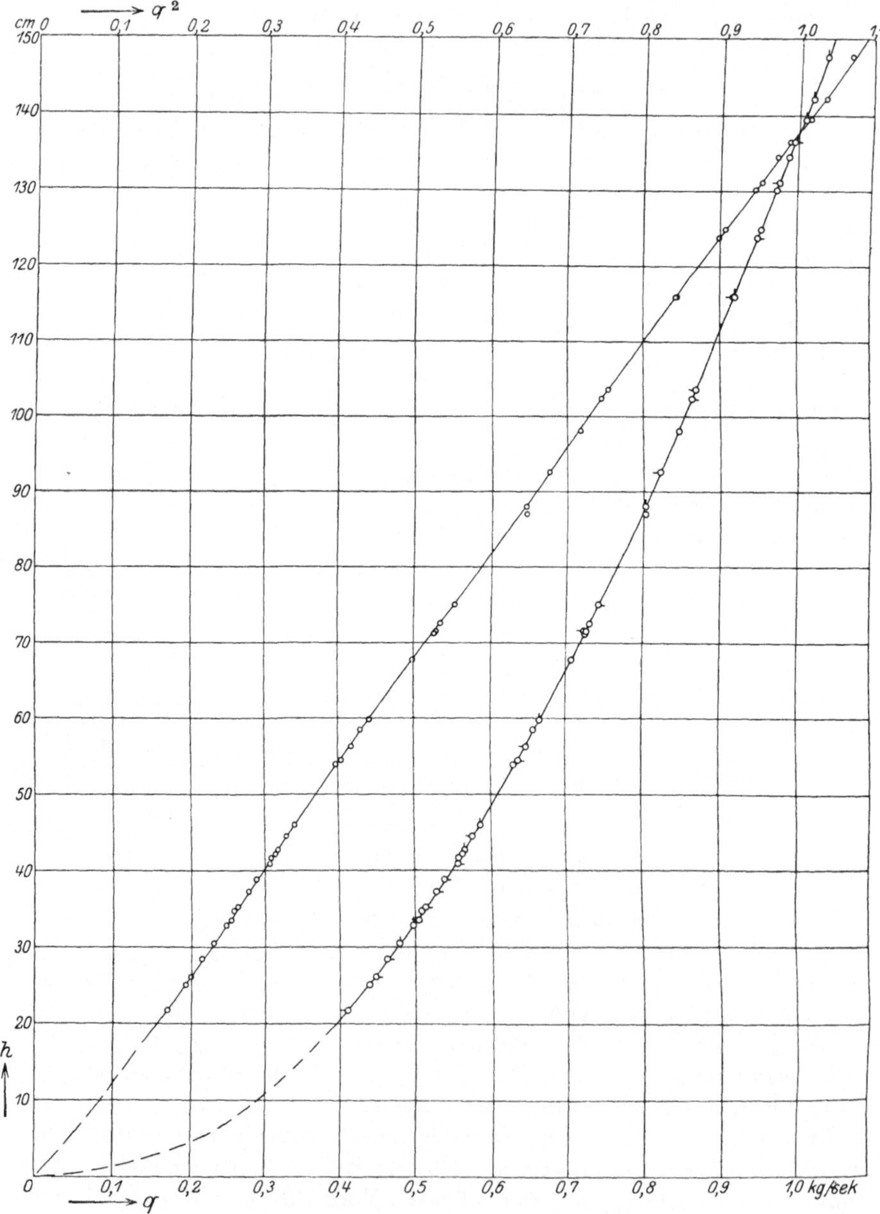

Abb. 8. Eichkurve der 60-Loch-Danaide.

Wasserspiegels läßt sich die Ausflußmenge als Funktion der Druckhöhe, d. h. die Eichkurve und damit auch der Ausflußkoeffizient berechnen. In zuverlässiger Weise, frei von jedem Fehler durch die persönliche Gleichung, stellt dieses Absinken der Chronograph fest. — Zu diesem Zweck trägt ein Schwimmer einen im Querschnitt kreuzförmig gestalteten Holzstab, von dem zwei gegenüberliegende Schmalseiten in zwei Rollenpaaren geführt werden, und dessen beide anderen Schmalseiten die Kontaktvorrichtung tragen (Abb. 9). Letztere besteht aus einem blanken Nickelindraht, der in der dargestellten Weise die dritte Seite des Holzstabes so „einfaßt", daß alle 40 mm eine Drahtwindung die Schmalseite „besäumt". Auf der vierten Schmalseite ist ein blanker Draht der Länge nach gespannt. Zwei Kontaktfedern vermitteln den Stromübergang und Stromschluß. Auf dem Chronographenstreifen markiert sich so jeweils der Zeitpunkt mit aller wünschenswerten Schärfe, wann der Wasserspiegel in der Danaide um jeweils 40 mm gesunken ist.

Zwar ließe sich das Absinken nach der Zeit auch mit der gewöhnlichen Uhr an dem Wasserstandsglas beobachten, doch haben Vergleichsversuche ergeben, daß der Mittelwert aus 10 solchen, sorgfältig gemachten Beobachtungen noch nicht die Genauigkeit einer Aufzeichnung mit dem Chronographen erreicht.

Ein Versuchsprotokoll ist in Zahlentafel 6, die graphische Darstellung in Abb. 10 wiedergegeben.

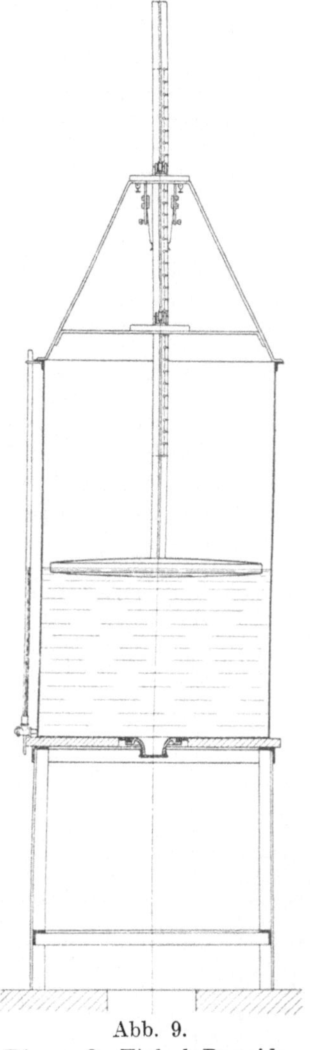

Abb. 9.
Die große Einloch-Danaide.

Der hydraulische Kasten.

Gelegentlich der Untersuchung von dreieckigen, Trapez- und rechteckigen Überfällen[1]) wurde der in Abb. 11 skizzierte „hydraulische

---

[1]) Staus, A.: Überfallversuche. Gas- und Wasserfach 1924, Heft 26.

 Die hydraulischen Einrichtungen.

Zahlentafel 6.

Mittlere Druckhöhe h cm	Zeit für 4 cm Druckhöhenabnahme in sk		Wassermenge Q Liter pro sk	μ	Mittlere Druckhöhe h cm	Zeit für 4 cm Druckhöhenabnahme in sk		Wassermenge Q Liter pro sk	μ
	nach dem Chronograph	nach der Ausgleichkurve				nach dem Chronograph	nach der Ausgleichkurve		
126	1,406	1,402	13,63	0,969	66	1,954	1,940	9,85	0,968
122	1,421	1,421	13,45	0,971	62	1,983	1,998	9,57	0,970
118	1,432	1,446	13,21	0,971	58	2,041	2,062	9,27	0,972
114	1,491	1,470	13,00	0,971	54	2,095	2,130	8,97	0,974
110	1,526	1,495	12,78	0,973	50	2,229	2,213	8,63	0,974
106	1,612	1,520	12,57	0,975	46	2,323	2,305	8,29	0,976
102	1,459	1,549	12,33	0,975	42	2,410	2,420	7,93	0,977
98	1,551	1,580	12,09	0,975	38	2,548	2,548	7,50	0,972
94	1,617	1,617	11,82	0,973	34	2,701	2,701	7,07	0,969
90	1,657	1,654	11,56	0,972	30	2,876	2,873	6,65	0,969
86	1,687	1,693	11,28	0,971	26	3,027	3,066	6,23	0,976
82	1,734	1,736	11,00	0,970	22	3,337	3,337	5,73	0,975
78	1,789	1,783	10,72	0,968	18	3,675	3,675	5,20	0,978
74	1,829	1,831	10,43	0,968	14	4,159	4,159	4,60	0,980
70	1,884	1,884	10,14	0,968					

Anmerkung: Die Zeiten nach dem Chronographen sind Mittelwerte aus 6 Versuchsreihen.

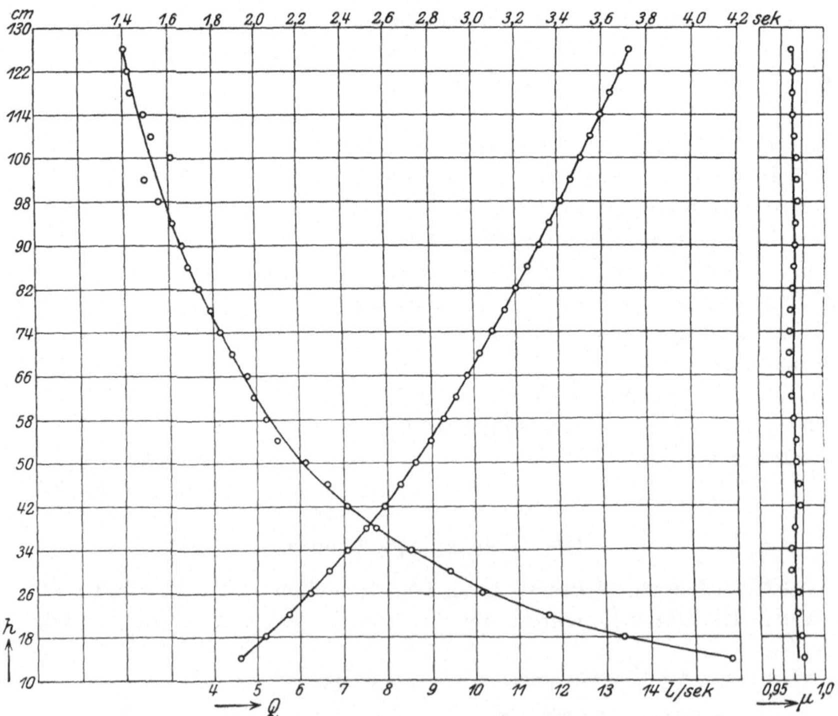

Abb. 10. Eich- und μ-Kurve der großen Einloch-Danaide.

Kasten" gebaut, mit welchem durch die erwähnten Überfälle Wassermengen bis zu 13 Sekundenliter verarbeitet werden konnten. Zur Bestimmung der Wassermenge selbst wurde dem Kasten das Wasser durch die 16-Loch-Danaide zugemessen, was sich bei den Versuchen gut bewährte. Wegen der Einzelheiten verweisen wir auf die angegebene Veröffentlichung.

Das kleine hydraulische Gerinne.

Zur Bestimmung des Überfallkoeffizienten bzw. zur Eichung vollkommener Überfälle mit und ohne Seitenkontraktion bis zu 600 mm Breite und 60 Sekundenliter Leistung dient das kleine, im Kesselhaus aufgestellte hydraulische Gerinne, von dem Abb. 12 die Gesamtanordnung zeigt.

Das Wasser beschreibt einen vollständigen Kreislauf, der durch eine elektrisch angetriebene Zentrifugalpumpe, ein Geschenk der Firma Bopp & Reuther in Mannheim-Waldhof, unterhalten wird. Eine schematische Skizze gibt Abb. 13.

Aus einem Sammelbehälter A schöpft die Zentrifugalpumpe B Wasser durch die Saugleitung C, in die ein Drosselschieber D eingebaut ist, und fördert es durch die Druck-

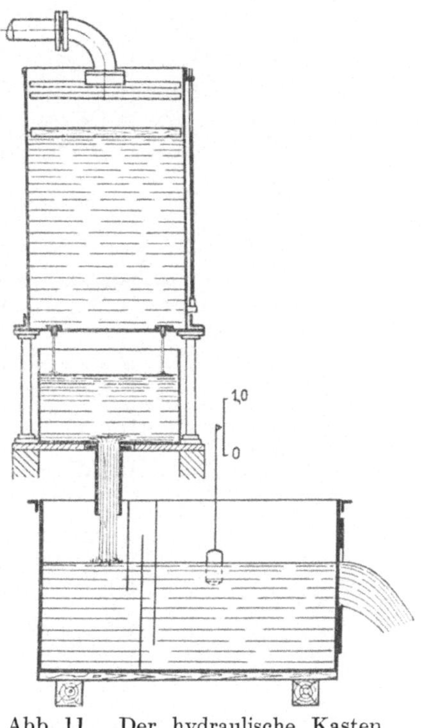

Abb. 11. Der hydraulische Kasten mit 16-Loch-Danaide.

leitung E, E in die drehbare 60-Loch-Danaide F. Mit dieser Danaide wird die zirkulierende Wassermenge dem Gerinne G am hinteren Ende zugemessen. Zwei in Höhe einstellbare Bretter H, H' sorgen für Entlüftung des Wassers und Beruhigung des Wasserspiegels im Gerinne, das am vorderen Ende über dem Sammelbehälter A das Gerinnemaul I trägt. Dieses wird durch eine in Höhe beliebig einstellbare Blechtafel geschlossen, an welches die zu untersuchenden Meßbleche angeschraubt werden. — Die Förderleistung der mittels Riemen von einem Gleichstrommotor betriebenen Pumpe läßt sich bis zu ihrem Maximum durch den Drosselschieber beliebig regulieren, wobei eine mit der axial nicht verschiebbaren Schieberspindel verbundene Zeigervorrichtung, in Abb. 12 angedeutet, die Schieberstellung in vergrößertem Maßstab erkennen läßt und dadurch die Einstellung der zirkulierenden

Wassermenge erleichtert. — Zur Messung der Überfallhöhe steht in 1,6 m Entfernung von dem Gerinnemaul ein Schwimmerpegel mit Skala, der seitlich des Gerinnes aufgestellt, durch eine Rohrleitung mit

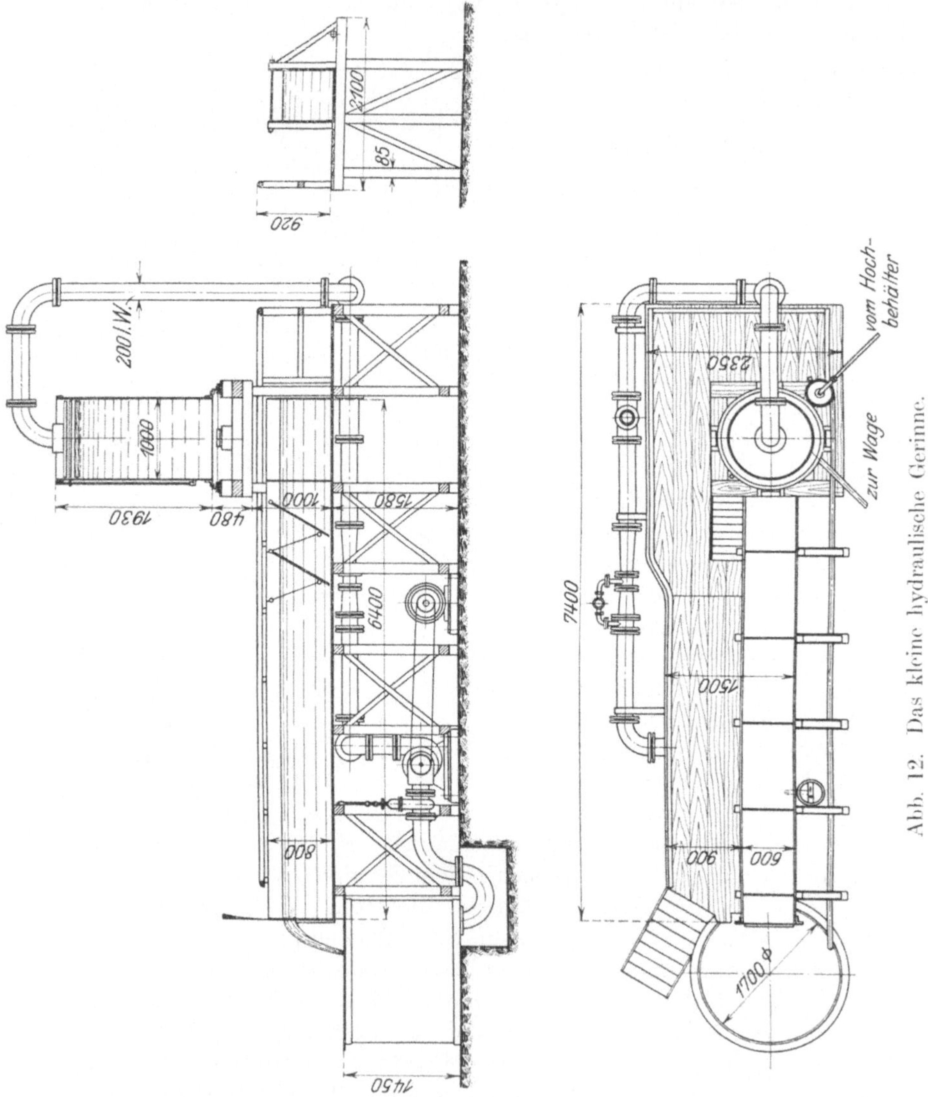

ihm in Verbindung steht. Die Millimeterskala wird mit einer Lupe abgelesen und gestattet 0,1 mm zu schätzen.

Zur Messung der zirkulierenden Wassermenge wird ein Strahl der Danaide dauernd abgefangen und in ein auf einer Dezimalwage stehendes Gefäß geleitet. Da jedoch auf diese Weise dem Wasserkreislauf dauernd die Leistung eines Strahles entzogen wird, so muß für

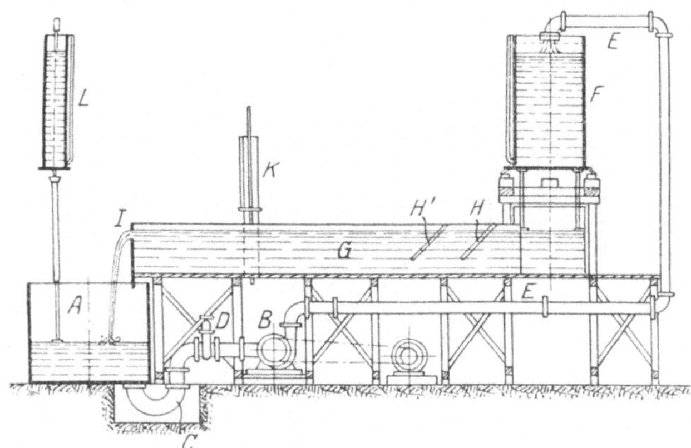

Abb. 13. Schematische Skizze des kleinen hydraulischen Gerinnes.

Zahlentafel 7. Versuchsprotokoll eines 90°-Trapez-Überfalls.

Nr. des Versuchs	Zeit	Danaide				Überfall		Schieberstellung an der Zentrifugalpumpe
		Zahl der laufenden Strahlen	Eichstrahl			Wassermenge Q	Überfallhöhe h	
			Abfangdauer	Wassermenge				
	h min	len	sk	kg	kg/sk	kg/sk	cm	mm
1	8 46 — 51	3	297,0	170	0,5725	1,717	1,47	10,5
2	8 58 9 03	9	312,1	200	0,6408	5,767	3,56	19,0
3	9 10 — 15	14	313,4	220	0,7020	9,825	5,26	24,5
4	9 23 — 28	21	314,8	240	0,7620	16,020	7,55	30,5
5	9 34 — 39	28	307,2	260	0,8460	23,690	10,20	37,5
6	9 47 — 51	36	263,4	240	0,9225	34,430	13,49	47,0
7	9 58 10 03	44	310,7	300	0,9650	42,470	16,57	66,0
8	10 09 — 14	50	319,6	320	1,0010	50,050	19,35	ganz offen

den Meßstrahl Ersatz geschaffen werden. Zu dem Zweck ist neben der 60-Loch-Danaide — in der schematischen Darstellung über dem Sammelbehälter A gezeichnet — eine zweite Einloch-Danaide L auf gestellt, deren Meßblech genau so groß ist wie die der 60-Loch-Danaide. Diese Einloch-Danaide wird von dem schon erwähnten Hochbehälter

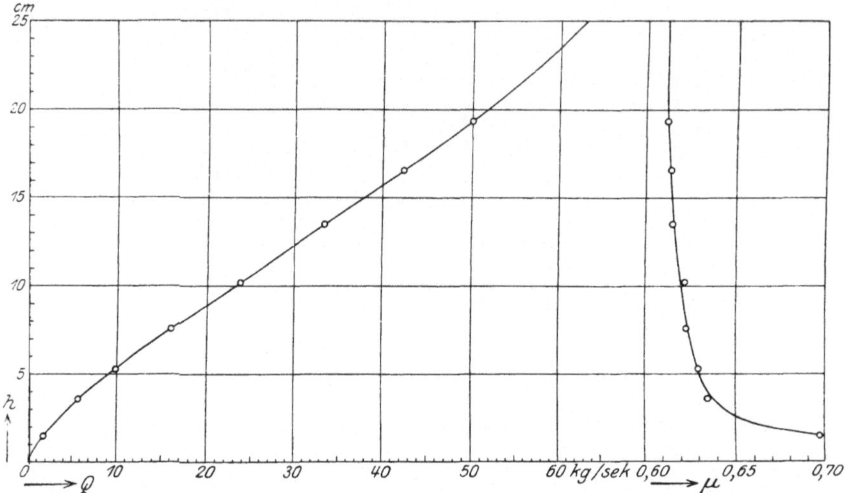

Abb. 14. Eich- und μ-Kurve eines 90°-Trapez-Überfalls.

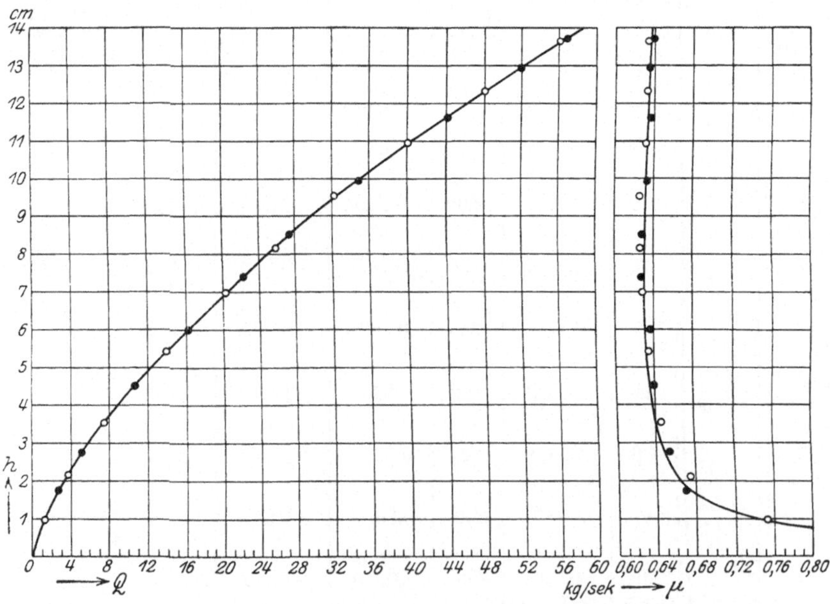

Abb. 15. Eich- und μ-Kurve eines vollkommenen Überfalls ohne Seitenkontraktion.

unter dem Dach des Kesselhauses besonders gespeist und ergießt ihr Wasser unmittelbar in den Sammelbehälter. Stellt man nun während der Versuche die Druckhöhe der Ersatz-Danaide genau auf dieselbe Höhe ein wie die der 60-Loch-Danaide, so bleibt die zirkulierende Wassermenge konstant.

Mit diesem Gerinne wurden die obenerwähnten, im „Gas- und Wasserfach" veröffentlichten Versuche der größeren Meßbleche durchgeführt. — Als Versuchsbeispiel möge die Eichung eines 90°-Trapez-Überfalles mitgeteilt werden, der zu besonderem Zwecke benutzt wurde und worauf wir noch weiter unten zurückkommen werden. Das Versuchsprotokoll ist in Zahlentafel 7 wiedergegeben, die Versuchsergebnisse sind in Abb. 14 graphisch dargestellt. Die Eichkurve wurde in der Weise bestimmt, daß die direkt errechneten Werte des Überfallkoeffizienten μ graphisch ausgeglichen, und nun rückwärts mit den ausgeglichenen Werten von μ die Wassermengen für die Überfallhöhen von 2 zu 2 cm berechnet wurden.

Als ein weiteres Beispiel für die Eichung eines vollkommenen Überfalls ohne Seitenkontraktion sind in Abb. 15 die Ergebnisse von zwei am 19. November 1924 während der Laboratoriumsübungen durchgeführten Versuchsreihen zusammengestellt. Die ausgezogenen Kurven sind nach der Rehbock'schen Gleichung[1]) aufgetragen, die sich mit den hier erhaltenen Werten in befriedigender Weise decken. Da die Rehbock'schen Versuche durch anderweitige Wiederholungen als sehr zuverlässig anerkannt sind, so gestatten die hier erhaltenen Werte auch einen Rückschluß auf die Genauigkeit, mit welcher das kleine hydraulische Gerinne arbeitet.

Untersuchung von Modellturbinen mit dem kleinen hydraulischen Gerinne.

Die günstige örtliche Lage des Hochbehälters unmittelbar über dem kleinen Gerinne ermöglicht auch ohne lange Leitungen die präzise Untersuchung kleiner Turbinen. Die Turbine wird auf dem Gerinne aufgebaut, die Druckleitung der Zentrifugalpumpe an eine Steigleitung zum Hochbehälter angeschlossen und die Überlaufleitung zur Speisung der Turbine benutzt. Die Leitung zur 60-Loch-Danaide wird abgeflanscht. Die zirkulierende Wassermenge kann dann mit einem geeichten Überfall gemessen werden. Das verfügbare Spiegelgefälle beträgt rund 9 m.

In dieser Weise wurde vom Verfasser eine kleine Modellturbine untersucht, deren Charakteristik für eine Leitschaufelöffnung von 6 mm in Abb. 16 wiedergegeben ist. Die Bremsung erfolgte mit einem wassergekühlten Pronyschen Zaum von 200 mm Durchmesser, 50 mm Breite, die Feststellung der Tourenzahl mit dem Chronographen, wobei durch

---

[1]) Zeitschrift des Verbandes Deutscher Arch.- und Ing.-Vereine 1913, Heft 1. — Weyrauch: Hydraulisches Rechnen S. 194 ff., Stuttgart: Konrad Wittwer 1921.

einen Tourenreduktor 1:10 jede zehnte Umdrehung markiert wurde. So konnte die Dauer der einzelnen Versuche unbeschadet ihrer Genauigkeit auf wenige Minuten beschränkt werden.

Die Versuche gaben Veranlassung, eine kleine Spiralturbine für maximal 20 Sekundenliter bei Escher Wyss & Cie. in Auftrag zu geben, um sie als dauernde Versuchseinrichtung aufzustellen

Bestimmung der Widerstandszahl größerer Rohre mit dem kleinen hydraulischen Gerinne.

Zur Untersuchung des hydraulischen Widerstandes größerer Rohrleitungen kann die Druckleitung am kleinen hydraulischen Gerinne entsprechend ausgebaut werden. Die Versuchsrohre werden ähnlich

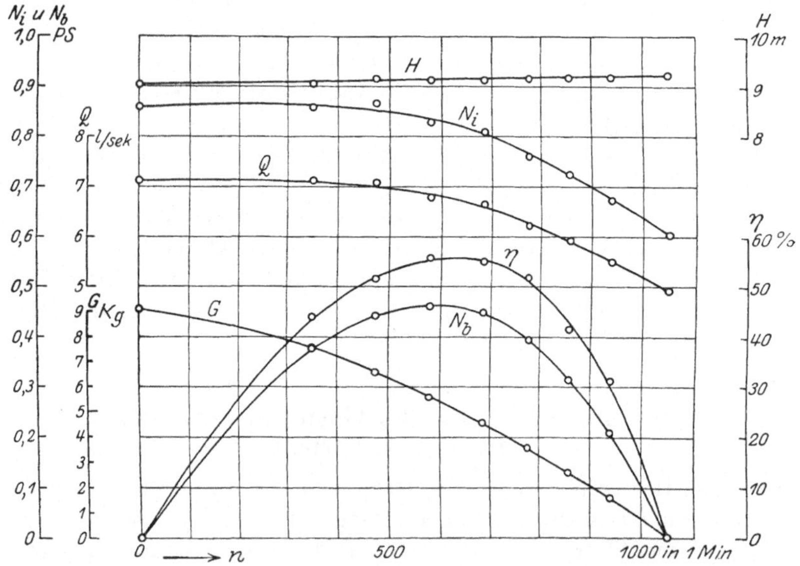

Abb. 16. Charakteristik einer Modellturbine.

wie bei der in Abb. 1 beschriebenen Einrichtung horizontal verlegt und mit Piezometern in überschüssiger Zahl versehen, um die Beobachtungsfehler ausgleichen zu können.

Das senkrechte Stück der Druckleitung endigt für vorliegende Zwecke in einem konisch sich erweiternden Rohr mit Überlauf und ist nur so hoch geführt, daß das Wasser unterhalb der hierbei ausgeschalteten 60-Loch-Danaide wieder in den Meßkanal strömt. Zur Wassermessung dient ein geeichter Überfall. So kann die zirkulierende Wassermenge und damit die Geschwindigkeit in den Versuchsrohren erheblich vergrößert werden.

Mit dieser Einrichtung sind z. Z. Versuche im Gang, um den Einfluß verschiedener Arten von geschweißten Quernähten schmiedeeiserner Rohre auf den Leitungswiderstand festzustellen. Über die Ergebnisse soll anderweitig berichtet werden.

Der Venturimesser.

Von der Wassermesserfabrik G. Volz in Stuttgart erhielt das Laboratorium einen Venturimesser von 120 mm l. W. geschenkt, der in die Druckleitung am kleinen hydraulischen Gerinne eingebaut werden kann. Bis jetzt wird die durchfließende Wassermenge mit einem kleinen Partialwassermesser bestimmt. Die Eichung erfolgt mit der 60-Loch-Danaide. — Es ist beabsichtigt auch noch ein Differential-Quecksilber-manometer anzuschließen, um auch diese Meßart vorführen zu können.

Ein größerer Venturimesser mit Registrierapparat und ein Woltman-messer von je 200 mm l. W. sind dem Maschinenlaboratorium von Siemens & Halske, Wernerwerk, Berlin, in Aussicht gestellt[1]). Sie sollen beide, wie in Abb. 12 angedeutet, dauernd in die Druckleitung einge-baut und bei den Übungen jeweils mit geeicht werden.

Die 10-pf.-Francis-Turbine mit Schirmmessung.

Räumlich vom Maschinenlaboratorium getrennt, doch in nächster Nähe über der Kanalstraße ist die Versuchsturbinenanlage in der

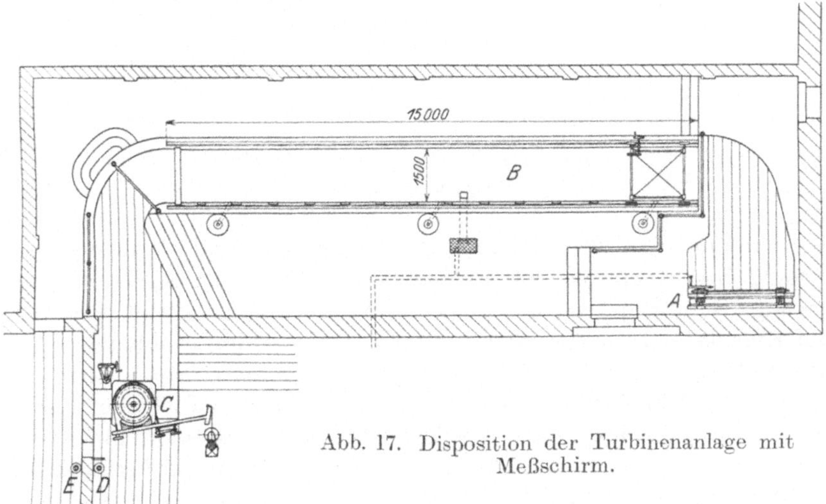

Abb. 17. Disposition der Turbinenanlage mit Meßschirm.

ehemaligen Bauerschen Mühle untergebracht. Die Anlage ist ein Geschenk der Stadtgemeinde Eßlingen. Geleise und Teile für den

---

[1]) Sie sind inzwischen eingetroffen.

Schirmwagen sowie Dreihebelchronograph von Farvager mit Sekundenuhr sind eine Stiftung der Firma Ulrich Gminder in Reutlingen.

Die allgemeine Disposition zeigt Abb. 17. An den Wehrneckarkanal,
von dem heute noch 19 Kraftwerke gespeist werden, ist durch die Einlaßschleuse A absperrbar der Meßkanal B angeschlossen, der in der Kammer
über der Turbine C mündet. Die Turbine, um diese zunächst zu erledigen,
ist eine von der Firma I. Voith in Heidenheim gebaute 10-pf-Francis-
Turbine mit drehbaren Leitschaufeln und stehender Welle. — Zur

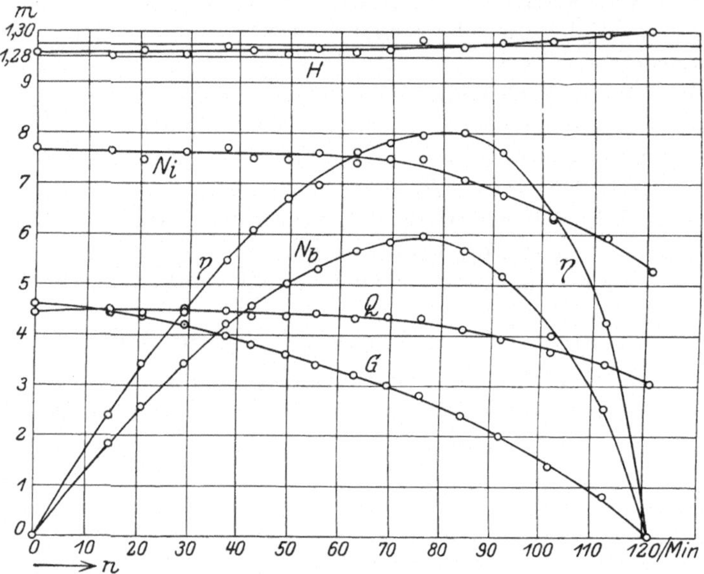

Abb. 18. Charakteristik der 10-pf.-Francis-Turbine bei 30 mm
Leitschaufelöffnung.

Bestimmung der Bremsleistung dient ein horizontal angeordneter
Pronyscher Zaum mit innerer Wasserkühlung, der an der Decke aufgehängt ist und durch Gewichte belastet wird, die an einem über eine
auf Kugellager laufenden Rolle geführten dünnen Drahtseil hängen. Die
Bremse besitzt Grob- und Feinregulierung von Hand.

Für die Roheinstellung der Tourenzahl dient ein Tachometer. Für
die genaue Bestimmung der Dreihebelchronograph, dessen einer Hebel
bei jeder Umdrehung der Turbinenwelle durch einen mit ihr verbundenen
Kontakt betätigt wird. Der zweite Hebel liegt im Stromkreis einer
Sekundenuhr und markiert die Sekunden.

Für das Gefälle sind in besonderen, dicht nebeneinander liegenden
Schächten für Ober- und Unterwasser Schwimmerpegel D und E vorgesehen, deren Angaben in Beziehung zum Gefälle festgestellt werden,

wobei eine über diese beiden Schächte horizontal fest verlegte Flacheisenschiene als Horizont dient.

Die Versuche werden in der Regel so durchgeführt, daß bei einer bestimmten Leitschaufelöffnung die Turbine schrittweise von Null bis

Zahlentafel 8.   Beobachtungswerte.

Nr. des Versuchs	Zeit	Leitsch.-öffnung in	Angabe des Tacho-meters	Brems-last in	Pegelablesungen			Be-merkungen
					Meß-kanal	Ober-wasser a_o	Unter-wasser a_u	
	h min	mm		kg	mm	mm	mm	
110	3 15		120	0	778	753	668	
111	3 20		111	8	773	748	668	
112	3 24		101	14	769	743	668	
113	3 26		92	20	767	742	668	
114	3 29		83	24	766	739	669	
115	3 32		75	28	771	745	669	
116	3 35		69	30	763	737	669	
117	3 37	30	62	32	763	735	669	Bremshebel-länge 2,010 m
118	3 40		55	34	768	738	669	
119	3 42		—	36	762	737	671	
120	3 43		—	38	761	737	670	
121	3 45		—	40	766	742	672	
122	3 47		—	42	762	737	673	
123	3 48		—	44	764	739	672	
124	3 54		—	45	764	736	673	
125	3 56		—	46	763	737	672	

Versuchsergebnisse.

Nr. des Versuchs	Meßkanal			Spiegel-gefälle H	Touren-zahl n	Verfüg-bare Lei-stung N_i	Brems-leistung N_b	Wirkungs-grad η
	Wasser-tiefe	mittlere Geschwin-digkeit	Wasser-menge Q					
	h in m	v in m/sk	in cbm/sk	in m	in 1 min	in PS	in PS	$N_b : N_i$
110	0,778	0,2600	0,340	1,303	120,9	5,28	0	0,000
111	0,773	0,2964	0,344	1,298	112,5	5,94	2,53	0,425
112	0,769	0,3193	0,368	1,293	102,0	6,35	4,00	0,630
113	0,767	0,3420	0,394	1,292	92,1	6,78	5,17	0,762
114	0,766	0,3588	0,413	1,288	84,3	7,07	5,68	0,800
115	0,771	0,3750	0,434	1,294	75,9	7,49	5,96	0,796
116	0,763	0,3630	0,437	1,286	69,5	7,49	5,85	0,781
117	0,763	0,3780	0,433	1,284	63,0	7,41	5,66	0,763
118	0,768	0,3840	0,443	1,287	55,6	7,60	5,30	0,697
119	0,762	0,3820	0,437	1,282	49,6	7,47	5,01	0,670
120	0,761	0,3830	0,438	1,285	42,8	7,50	4,56	0,608
121	0,766	0,3900	0,448	1,288	37,6	7,70	4,22	0,548
122	0,762	0,3890	0,445	1,282	29,1	7,61	3,43	0,450
123	0,764	0,3800	0,436	1,285	20,7	7,47	2,56	0,342
124	0,764	0,3900	0,447	1,281	14,45	7,64	1,83	0,239
125	0,763	0,3880	0,444	1,283	0	7,69	0	0,000

zum Stillstand belastet und für jede Belastungsstufe Tourenzahl, Gefälle, Bremslast und Wassermenge ermittelt wird. Man erhält so die Cha-

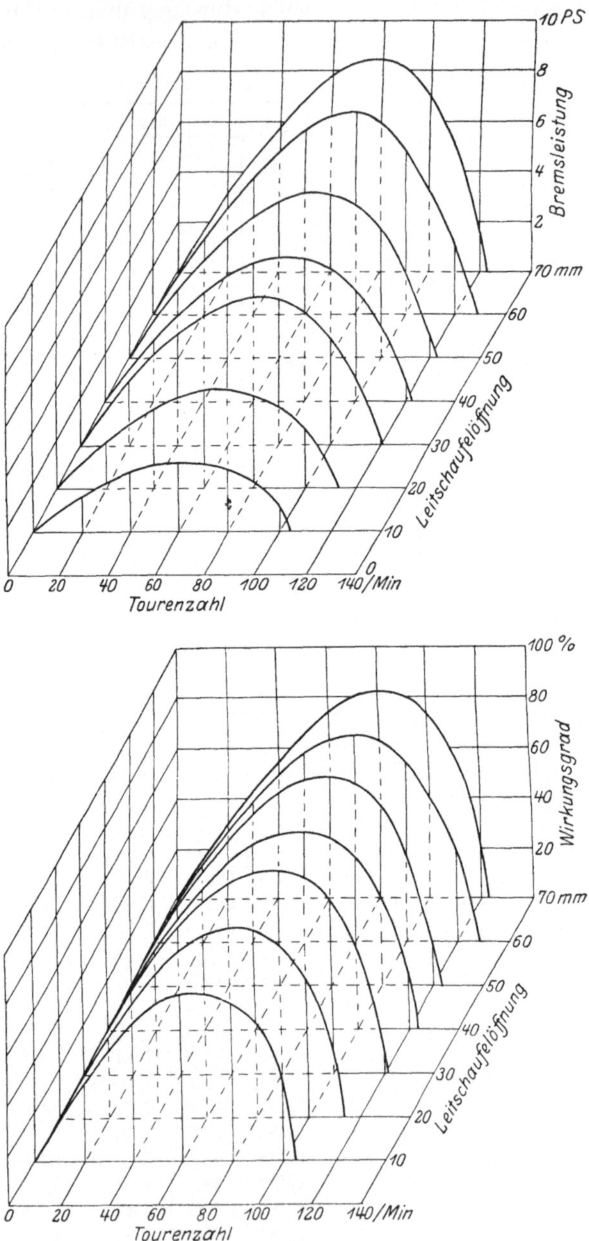

Abb. 19 und 20. Variationsflächen der 10-pf.-Francis-Turbine.

rakteristik der Turbine für die betreffende Leitschaufelöffnung. Das Protokoll einer solchen Messung ist in Zahlentafel 8, die graphische Darstellung in Abb. 18 wiedergegeben. Führt man diese Versuche bei allen Leitschaufelöffnungen durch, so lassen sich die Ergebnisse zu Variationsflächen vereinigen; Abb. 19 zeigt den Zusammenhang zwischen Tourenzahl, Leitschaufelöffnung und Bremsleistung, Abb. 20 den Zusammenhang zwischen Tourenzahl, Leitschaufelöffnung und Wirkungsgrad.

Die Wassermessung geschieht in einfacher, rascher und hinreichend zuverlässiger Weise im Meßkanal mit dem Schirm.

Der Meßkanal ist auf etwa 15 m genau geradlinig und horizontal, 1,50 m breit und 1,15 m tief, ausgeführt. Auf den Seitenwänden befindet sich parallel mit dem Kanal ein ebenfalls genau horizontal verlegtes Geleise von Winkeleisen 120/120/14 mm, dessen Lauffläche gehobelt ist, auf dem ein leicht beweglicher, auf Kugellagern laufender Wagen rollt. An diesem Wagen hängt pendelnd ein Schirm, der von Hand in den Kanal soweit abgelassen werden kann, daß er den ganzen Kanalquerschnitt bis auf einen nur wenige Millimeter betragenden Spielraum ausfüllt. In dieser Lage sperrt der Schirm den Kanalquerschnitt ab und soll sich nun mit der mittleren Wassergeschwindigkeit über dem Kanal auf seinem Geleise vorwärts bewegen. Seine Geschwindigkeit wird dadurch selbsttätig gemessen, daß der Wagen eine Reihe von Kontakten schließt, die in genau 1 m Abstand aufeinanderfolgen. In dem Stromkreis dieser Kontakte liegt der dritte Hebel des vorerwähnten Chronographen, so daß neben den Marken für die Zeit und die Umdrehungen der Turbine auch noch die Momente aufgezeichnet werden, wann der Schirm jeweils um 1 m. vorgerückt ist. Daraus läßt sich seine Geschwindigkeit berechnen, die identisch mit der mittleren Wassergeschwindigkeit sein soll. — Die jeweilige Wassertiefe wird an einem seitlich des Kanals aufgestellten Pegel abgelesen, womit dann alle Größen bekannt sind, um die Wassermenge selbst zu berechnen. —

Es ist beabsichtigt im Laufe der Zeit, die Anlage noch so auszubauen, daß auch andere Turbinen eingesetzt und geprüft werden können.

Überfalleichung durch Schirmmessung.

In dem kleinen hydraulischen Gerinne können Überfälle nur bis maximal 600 mm Breite und 60 Sekundenliter Leistung geeicht werden. Für größere Breiten und Wassermengen kann der Meßkanal benutzt werden. Hierzu wird am unteren Ende der geradlinigen Meßstrecke eine Abschlußwand eingesetzt und in diese der zu untersuchende Überfall eingebaut. Der Überfallpegel ist in der Nähe des Überfalls aufgestellt. — Die Wassermenge wird durch die Einlaßschleuse nach Belieben reguliert. Bei ihrer großen Breite von rund 2,5 m ergibt eine kleine Höhenverstellung schon eine große Änderung der Wassermenge. Daher wird für solche Versuche an der einen Zahnstange der Schleuse ein einfaches Tiefenmaß angebracht, das die Öffnung der Schleuse bis auf 0,1 mm abzulesen gestattet. Da jedoch der Wasserstand im Wehrneckarkanal und im Meßkanal Änderungen unterworfen ist, so entspricht ein und derselben Öffnung nicht immer dieselbe Wassermenge, was bei Versuchen berücksichtigt werden muß. Immerhin gibt die einfache Anzeigevorrichtung jeweils für die Versuchsdurchführung einen bequemen Anhalt.

Die Frage, welcher Genauigkeitsgrad der Schirmmessung innewohnt, wurde von Mann in seiner Dissertation[1]) systematisch untersucht. Das Ergebnis seiner Arbeit faßt Mann in die Gleichung zusammen:

$$Q_t = Q_r \left[1 + \sigma \left\{ \frac{0,07915}{c} + 0,1412 \right\} (\sqrt{P} - 0,548) \right],$$

worin Q_t die tatsächlich fließende Wassermenge in cbm/sk,

$\quad Q_r$ die rechnungsmäßig sich aus Schirmgeschwindigkeit und Wasserquerschnitt sich ergebende ist,

$\quad \sigma$ das Verhältnis von Spaltfläche zu Wasserquerschnitt,

$\quad c$ die Schirmgeschwindigkeit in m/sk und

$\quad P$ den Fahrwiderstand des Schirmwagens in kg bedeutet.

Diese Gleichung gilt zunächst nur für den von Mann untersuchten Schirm des Darmstädter Laboratoriums. Nach seinen Ergebnissen vermutet Mann, „daß jede Meßschirmeinrichtung nur eine bestimmte Wassermenge richtig mißt, während bei anderen Schirmgeschwindigkeiten gemessene Wassermengen von der tatsächlichen abweichen und entweder zu klein oder zu groß gemessen werden“ und ferner „wurde für die benutzte Versuchseinrichtung festgestellt, daß bei dem normalen Fahrwiderstand $P = 0,30$ kg des Schirms mit großer Wahrscheinlichkeit die rechnungsmäßigen Wassermengen Q_r gleich den tatsächlichen Q_t sind bzw. um höchstens 1% von denselben im normalen Benutzungsgebiet der Anlage, um mehr evtl. nur bei sehr kleinen oder verhältnismäßig sehr großen zu messenden Wassermengen abweichen“.

Die im Anhang mitgeteilte Experimentaluntersuchung über die Messung kleinster Wassergeschwindigkeiten mit dem hydrometrischen Flügel, bei der es sich um mittlere Geschwindigkeiten von nur wenigen Zentimeter/Sekunde handelte, gaben Veranlassung, die Meßgenauigkeit des Eßlinger Schirms, der nahezu dieselbe Größe wie der Darmstädter hat, ebenfalls zu prüfen. Es geschah dies mit Hilfe des oben erwähnten 90°-Trapez-Überfalls, der im kleinen hydraulischen Gerinne mit aller Sorgfalt geeicht war und in die untere Abschlußwand des Meßkanals unter genau denselben Bedingungen eingebaut wurde, wie bei seiner Eichung,

---

[1]) Mann, Victor: Beitrag zur Kenntnis der Wassermessung mittels Meßschirm. München und Berlin: Oldenbourg 1920.

insbesondere wurde auch die Kanalbreite dicht vor dem Überfall durch zwei parallele Holzwände bis zur Sohle auf 595 mm eingeengt. Der Trapezüberfall verarbeitet maximal 80 Sekundenliter, womit eine mittlere Geschwindigkeit im Kanal von 6 cm/sk erzielt werden konnte.

Die Ergebnisse dieser Versuche, die zunächst nur informatorischen Charakter tragen, sind in Abb. 21 graphisch dargestellt, lassen aber trotzdem erkennen, daß bei kleinen Geschwindigkeiten der Schirm seine recht beträchtlichen individuellen Fehler besitzt, die wie bei jedem Meßwerkzeug ihrer Größe nach festgestellt werden müssen,

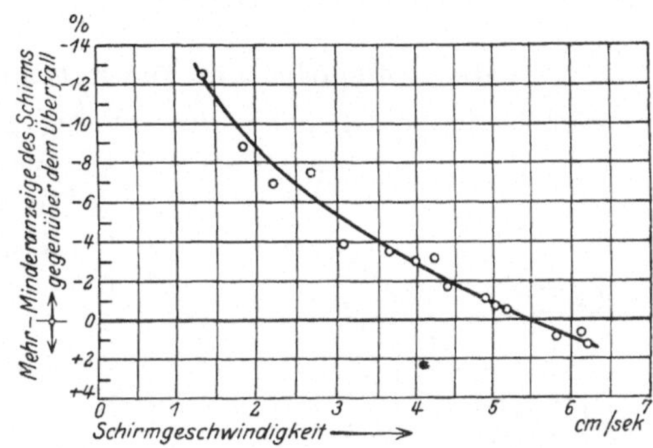

Abb. 21. Fehlerkurve des Meßschirms.

wenn mit ihm brauchbare Resultate erhalten werden sollen.

Da der Zementverputz des Kanals, wie die Messungen ergaben, nicht einwandfrei ist, so wird er in nächster Zeit mit einer durch das Geleise ge-

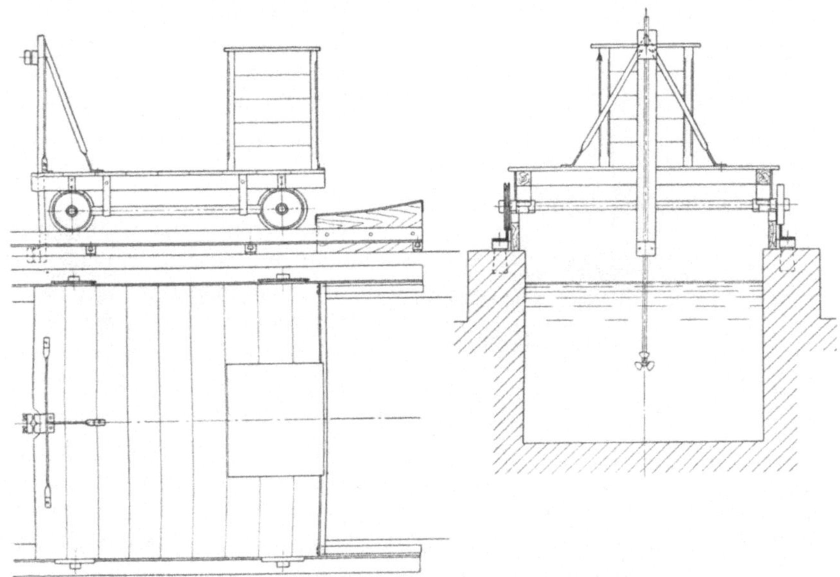

Abb. 22. Meßwagen für Flügeleichungen.

führten Lehre so nachgebessert, daß die Ungenauigkeiten durch die Querschnittsänderungen auf ein Mindestmaß eingeschränkt werden[1]). Auch

---

[1]) Ist inzwischen geschehen.

die Kugellagerung der Räder am Meßwagen ist noch etwas mangelhaft worauf vermutlich die Streuung der Versuchspunkte in Abb. 22 zurückzuführen ist, und bedürfen noch einer kleinen Nacharbeit. Alsdann sollen die Fehler der Schirmmessung auch bei größeren Geschwindigkeiten systematisch untersucht werden.

Die Prüfeinrichtung für hydrometrische Flügel.

Der Gedanke lag nahe, den kräftig gebauten Schirmwagen zum Meßwagen für Flügelprüfungen auszugestalten und ihn von Hand durch ein Drahtseil zu bewegen. Der so vervollständigte Wagen, nach Angabe des Verfassers vom Laboratoriumspersonal ausgeführt, ist in Abb. 22 skizziert und hat sich bis zu Geschwindigkeiten von 1,4 m/sk bewährt.

Auf den Schirmwagen wurde ein abnehmbares Holzpodest von 1,80 m Länge und 1,70 m Breite aufgebaut, das den Halter für die Flügelstange, einen Tisch für die Instrumente — Dreihebelchronograph, Sekundenuhr, Relais, Schalter und Batterie — sowie den Beobachter trägt. Der Fahrwiderstand ist sehr gering: 2,8 kg Zug setzen den mit zwei Beobachtern belasteten Wagen in Bewegung. Angetrieben wird der Wagen durch ein 3 mm starkes Drahtseil, das am Podest befestigt, horizontal geradlinig in der Fahrrichtung zur Wand über eine Trommel läuft,

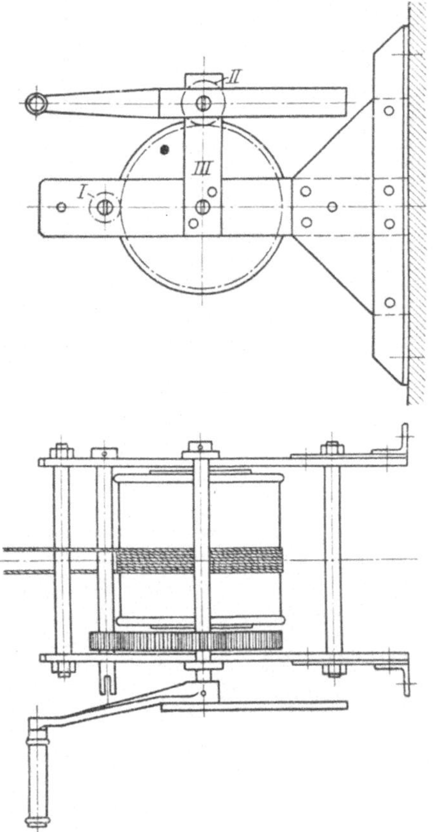

Abb. 23. Antriebwinde zum Meßwagen.

diese in 8 Lagen umschlingt und dann unter dem Podest hindurch kanalaufwärts zu einer Rolle geführt wird, von der es umgelenkt wieder zum Wagen geht. Zum Nachspannen des Seiles ist am Podest eine Schraube mit langem Gewinde vorgesehen. Die Trommel der Antriebwinde (Abb. 23) hat einen Durchmesser von 225 mm und wird von Hand entweder unmittelbar, oder durch zwei verschieden große Übersetzungen angetrieben. Die Zähnezahlen sind 15, 26 und 90 bei Modul 2,5. Zur Erzielung einer gleichmäßigen Geschwindigkeit wird nach dem Takt eines Pendels gedreht, das über der Winde aufge- hängt eine von 2 zu 2 cm verstellbare 5 kg schwere Linse trägt und bei jedem Durchgang durch die Mittellage einen Stromkreis schließt, in den eine Klingel eingelegt ist (Abb. 24). Je nach der ge- wählten Übersetzung *I, II* oder *III,* der Zahl der Umdrehungen pro Signal — $^1/_1$, $^1/_2$, $^1/_4$ oder $^1/_8$ — sowie je nach der Stellung der Pendellinse lassen sich Geschwindigkeiten von 1,5 cm/sk bis zu 1,4 m/sk erreichen. Ein Kurvenblatt (Abb. 25), neben dem Pendel aufgehängt, enthält den Zu- sammenhang zwischen Übersetzung, Kurbelum- drehung, Stellung der Pendellinse und Wagenge- schwindigkeit und erlaubt, die gewünschte Ge- schwindigkeit bis auf wenige Millimeter/Sekunde genau im voraus zu bestimmen, was für die Wahl der Versuchspunkte eine große Erleichterung ist. — Die Schienenkontakte sind in 1,0 m Entfernung voneinander angebracht.

Für den Wagen stand nur ein sehr kurzer Bremsweg von 0,65 m zur Verfügung, um die an sich nicht große Länge des Kanals möglichst aus- zunutzen. Damit nun der Wagen auf dieser kurzen Strecke gefahrlos und stoßfrei zum Stillstand kommt, wurden am Ende der Bahn, beiderseitig auf die Kanalwände und mit den Schienen ver- schraubt, zwei kräftige Holzdielen, in parabel- ähnlichen Kurven ausgeschnitten und mit Band- eisen beschlagen, aufgesetzt, auf die der Wagen mit seinen Achsschenkeln bei voller Geschwindig-

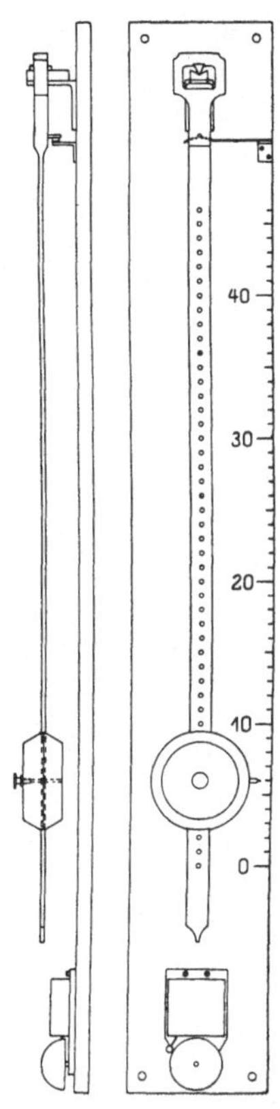

Abb. 24. Pendel mit Signaleinrichtung.

keit auffährt und seine kinetische Energie teilweise durch Reibung ver- liert, teilweise in potentielle umwandelt.

Zwei mit Blech verkleidete Abschlußwände erlauben, den Kanal auch bei niedrigem Wasserstand des Wehrneckarkanals bis zu 1 m Wassertiefe aufzufüllen.

Die mit dieser Prüfeinrichtung erzielten Ergebnisse sind innerhalb der ihr durch die Kürze des Kanals gesteckten Grenzen jenen mit mechanisch angetriebenen Wagen ausgerüsteten völlig gleichwertig. Da die Eichkurven n o r m a l e r hydrometrischer Flügel schon von wenig Dezimeter/Sekunde ab meist geradlinig verlaufen, so reicht die be- schriebene Prüfeinrichtung für die Flügeleichung in der Regel aus, für

Spezialuntersuchungen bei kleinen Geschwindigkeiten hat sie vor den meisten bisher bekannt gewordenen elektrisch angetriebenen Wagen neben dem nahezu kostenlosen Betrieb insofern Vorzüge, als sich ganz kleine Geschwindigkeiten in beliebig feiner Abstufung leicht erzielen lassen.

Bei der kurzen Meßstrecke ist es vorteilhaft, jede Umdrehung des Flügels zu registrieren. Ist der Flügel nicht mit Einzelkontakt aus-gerüstet, so kann dies unter Umständen be-helfsmäßig geschehen. Für den Ott-Flügel Nr. 3233 der Type IX c z. B. hat sich bei be-hutsamer Handhabung der in Abb. 26 darge-stellte Quecksilber-kontakt gut bewährt. Auf die Flügelachse ist eine kurze Hülse aufge-schoben, auf der zwei am Rande messerartig zugeschärfte Metall-sektoren sitzen. Am In-strumentenrahmen ist ein Ebonitstück ange-klemmt, in dem sich zwei schlitzförmige Quecksilbernäpfe befin-den. Diese bilden die voneinander isolierten Enden der elektrischen Leitung und werden beim Eintauchen der Sektoren überbrückt. Die Kontaktvorrichtung arbeitet praktisch voll-kommen reibungsfrei, beeinflußt also die Bewegung des Flügels in keiner Weise.

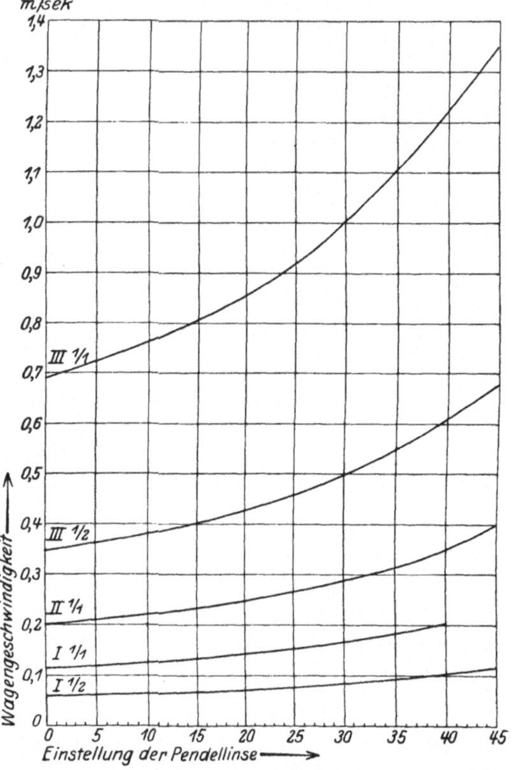

Abb. 25. Zusammenhang zwischen Übersetzung, Kurbelumdrehung, Stellung der Pendellinse und Wagengeschwindigkeit.

Zum Beweis der Leistungsfähigkeit dieser Prüfeinrichtung seien aus der Zahl der bisher durchgeführten Flügeleichungen vier Beispiele heraus-gegriffen. Die Bestimmung der Konstanten der Flügelgleichung geschieht nach dem graphischen Verfahren von Ott[1]).

---

[1]) Ott, Dr. L. A.: Theorie und Konstantenbestimmung des hydrometrischen Flügels. Berlin: Julius Springer, 1925.

Ott - Flügel Nr. 1324.

Der Flügel wurde von der Firma A. Ott in Kempten im Jahre 1909 geliefert und ist Eigentum der Neckarwerke Eßlingen. Er besitzt eine dreiteilige Speichenschaufel von 18 cm Durchmesser, Kontaktvorrichtung nach jeder einzelnen und 25. Umdrehung. Von Ott wurde dem Flügel folgende Gleichung mitgegeben:

$$n < 1{,}0; \quad v = 0{,}381\,n + \sqrt{0{,}0144\,n^2 + 0{,}0012}\;;$$
$$n > 1{,}0; \quad v = 0{,}506\,n,$$

worin n = Anzahl der Flügelumdrehungen in 1 sk und
$\quad\quad v$ = Wassergeschwindigkeit in Meter/Sekunde bedeutet.

Diese Gleichung ist in Abb. 27 durch die ausgezogene Kurve dargestellt, während die Nacheichung am 3. April 1924 die durch Kreise angedeuteten Werte lieferte. Die Versuchspunkte der Nacheichung decken sich so befriedigend mit der ursprünglich mitgegebenen Gleichung, daß keine Veranlassung bestand, eine neue Gleichung aufzustellen.

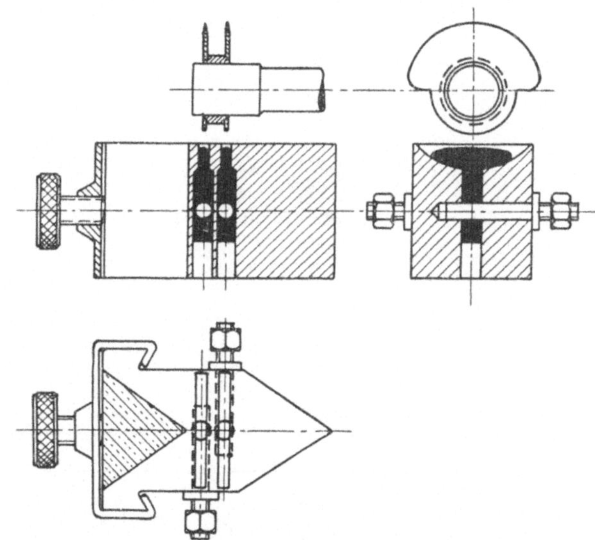

Abb. 26. Quecksilberkontakt für hydrometrische Flügel.

Ott - Flügel Nr. 3363.

Der Flügel (Type V), ein Geschenk der Stadtgemeinde Eßlingen an das Maschinenlaboratorium, wurde am 18. Oktober 1923 als Laboratoriumsversuch durch die Schüler geeicht. Die Ergebnisse der Eichung finden sich in Zahlentafel 9, die Eichkurve ist in Abb. 28 wiedergegeben. Die Ausgleichung erfolgte durch eine einzige Gerade mit der Gleichung

$$v = 0{,}017 + 0{,}2655\,n.$$

Es wurde auch der mittlere Fehler einer Beobachtung berechnet und zu $\pm$ 0,002 m/sk gefunden.

Dieser Flügel wurde auch bei den im Anhang beschriebenen Versuchen verwendet.

Ott - Flügel Nr. 3233.

Dieser Flügel (Type IX c) wurde zur Eichung mit dem oben beschriebenen Quecksilberkontakt ausgerüstet. Er ist ein Geschenk der Firma Ott und wird von den Schülern bei ihren Wassermessungen regelmäßig benutzt. — Die Ergebnisse der Eichung sind in Abb. 29 graphisch

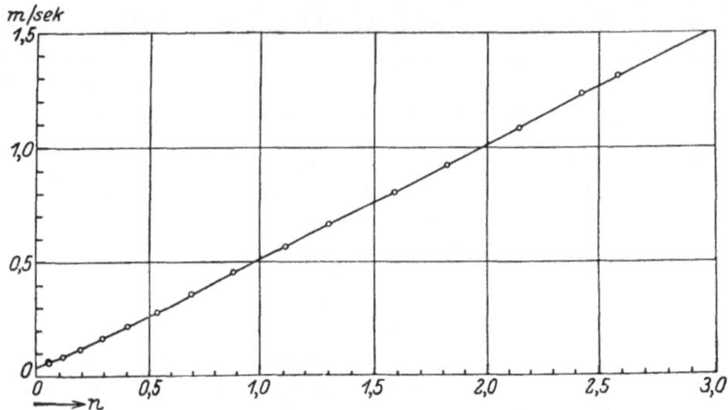

Abb. 27.　Eichkurve des Ott-Flügels Nr. 1324.

Zahlentafel 9.　Eichung des Ott-Flügels Nr. 3363
am 18. Oktober 1923.

Wassertiefe: 0,90 m
Flügelachse 0,45 m über Boden.

Am Chronograph : Mech. Beutel
An der Winde:　Schüler

1	2	3	4	5	6	7	8	9	10
	Meßstrecke		Wagen-geschwin-digkeit $v = s/t_1$ m/sk	Flügel		Umdre-hung. des Flügels in 1 sk	$k \cdot n$	$\varDelta$	
Nr. der Fahrt	Länge s m	Zeit t_1 sk		Anzahl der Um-drehun-gen u	Zeit t_2 sk	$n = u/t_2$	$[k = 0{,}268]$	$= v - k \cdot n$	Be-merkungen
1		213,9	0,0564	30	211,2	0,1420	0,0380	0,0181	
2		215,0	0,0640	30	182,5	0,1788	0,0479	0,0161	
3		134,2	0,0894	30	111,8	0,2683	0,0719	0,0165	
4		102,0	0,1177	40	105,1	0,3805	0,1020	0,0157	
5		64,2	0,1870	40	62,9	0,6360	0,1705	0,0165	
6		56,5	0,2126	40	53,6	0,7461	0,2000	0,0126	
7		42,7	0,2815	40	40,3	0,9940	0,2663	0,0152	
8	12	33,1	0,3624	40	30,8	1,298	0,3480	0,0144	
9		26,5	0,4532	40	24,5	1,633	0,4377	0,0155	
10		21,2	0,5655	40	19,5	2,055	0,5505	0,0150	
11		18,4	0,6534	40	16,7	2,400	0,6430	0,0104	
12		15,1	0,7972	40	13,5	2,956	0,2920	0,0052	
13		13,2	0,9072	40	12,0	3,343	0,8960	0,0115	
14		10,5	1,1420	40	9,5	4,233	1,1350	0,0070	
15		9,3	1,2880	40	8,4	4,785	1,2830	0,0050	

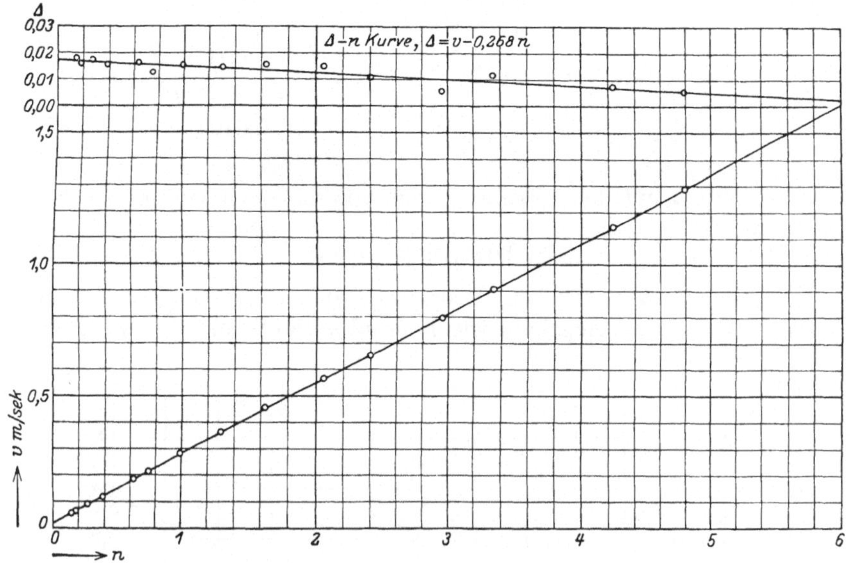

Abb. 28. Eichkurve des Ott-Flügels Nr. 3363.

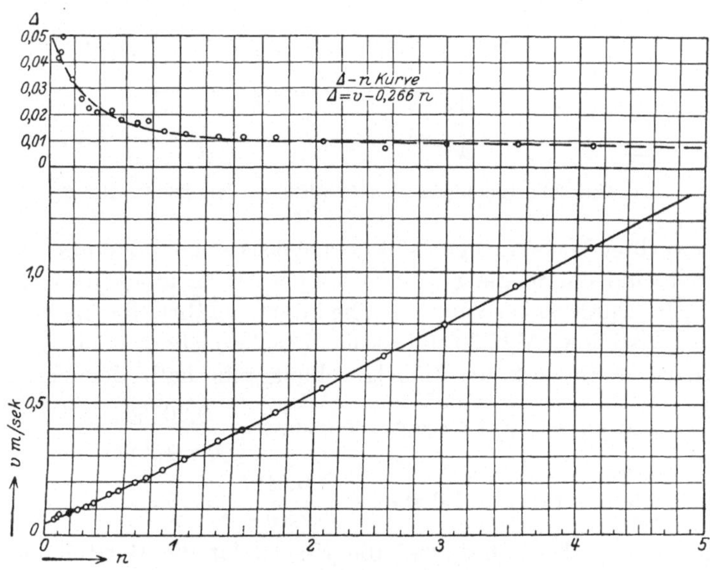

Abb. 29. Eichkurve des Ott-Flügels Nr. 3233.

dargestellt. Aus der $\varDelta$—n-Kurve ermittelt sich die Flügelgleichung nach dem Ottschen Verfahren zu

$$n < 0{,}255; \quad v = 0{,}0495 + 0{,}1157\,n + \frac{0{,}0045}{1 - 2{,}78\,n},$$

$$n > 0{,}255; \quad v = 0{,}0120 + 0{,}2627\,n + \frac{0{,}0107}{6{,}67\,n - 1}.$$

Wir werden auf diese Eichung weiter unten noch einmal zurückkommen.

Ott - Flügel Nr. 3668.

Der Flügel wurde für eine Wasserkraftanlage geliefert, wo er im Oberwasserkanal fest eingebaut ist, dauernd mitläuft und zur Kontrolle

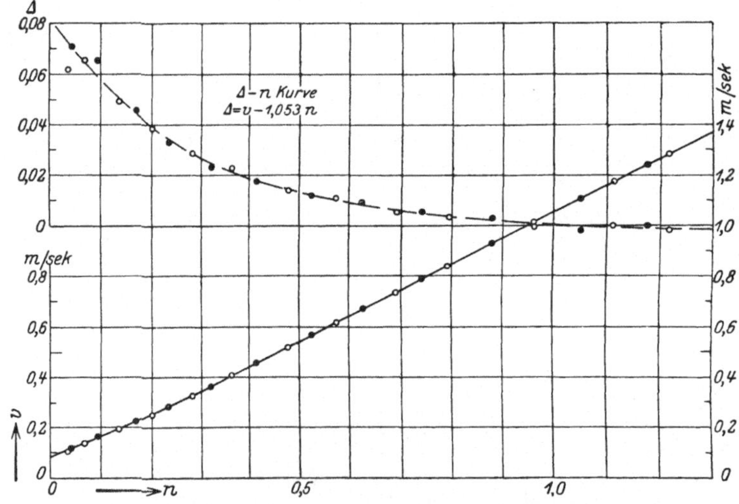

Abb. 30. Eichkurve des Ott-Flügels Nr. 3668.

der verbrauchten Wassermenge dient. Seine Schaufel hat 300 mm Durchmesser bei rund 1 m Steigung. Zur Eichung wurde er mit Einzelkontakt versehen. Es wurden zwei Versuchsreihen durchgeführt, die in der graphischen Darstellung Abb. 30 unterschiedlich bezeichnet sind. Aus der $\varDelta$—n-Kurve ergibt sich die Flügelgleichung innerhalb der Versuchsgrenzen:

$$n < 0{,}311; \quad v = 0{,}0665 + 0{,}8365\,n + \frac{0{,}00766}{1 - 2{,}28\,n},$$

$$n > 0{,}311; \quad v = 1{,}050 \cdot n + \frac{0{,}0181}{5{,}35\,n - 1}.$$

Zum Schluß sei erwähnt, daß die Kosten für die Herstellung der Prüfeinrichtung für hydrometrische Flügel von einem ehemaligen Schüler unserer Anstalt, Herrn Franz Hefele, zur Zeit Betriebsingenieur der Firma Steiger & Deschler, Baumwollfeinwebereien in Ulm-Söflingen, getragen wurden.

Die Wassermessung mit dem hydrometrischen Flügel.

Die Wichtigkeit der Wassermessung mit dem hydrometrischen Flügel für den Maschineningenieur bei der Projektierung und Untersuchung von Wasserkraftanlagen gebot, nach einer geeigneten Meßstelle Umschau zu halten. Diese fand sich in einer für Lehrzwecke fast idealen Beschaffenheit ganz in der Nähe der Schule an einer Betonbrücke über den dort 16,7 m breiten Wehrneckarkanal. Flußaufwärts ist die Kanalstrecke auf etwa 200 m fast geradlinig, das Profil ist halb natürlich, halb künstlich begrenzt, die Tiefe mehr als ausreichend, und die Spiegelschwankungen bewegen sich im ungünstigen Falle während der Meßdauer nur innerhalb weniger Zentimeter.

Der Flügel wird an stehender Stange verwendet, und es wird nach dem Punktmeßverfahren, als dem allgemeinsten, gearbeitet, wobei in Äquidistanten zum Grund durchgemessen wird. Wie schon erwähnt, wird der Ott-Flügel Nr. 3233, Type IX c, mit wasserfreiem Kontakt nach

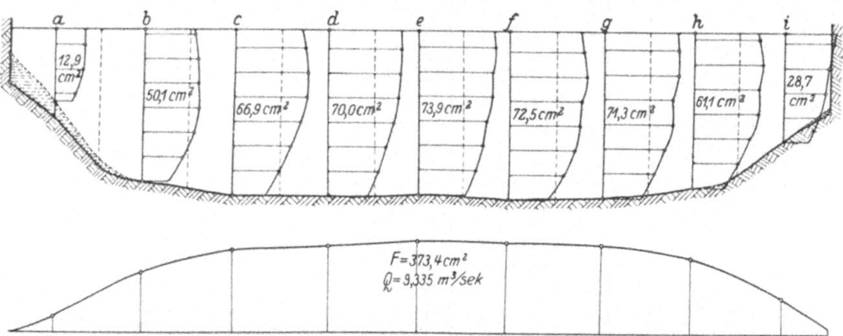

Abb. 31. Wassermessung im Wehrneckarkanal am 3. Juli 1923.

je 25, 50 oder 100 Umdrehungen benutzt. — Um eine Kontrolle über die Pulsation des Wassers in den einzelnen Meßpunkten zu erhalten, werden auch die Zeiten der Zwischensignale auf besonderem Blatt notiert. — Die Auswertung erfolgt in der üblichen Weise nach dem Harlacher-Verfahren auf graphischem Wege.

Ein Aufnahmeprotokoll ist in Zahlentafel 10, die Auswertung in Abb. 31 wiedergegeben.

Für die in den letzten Jahren immer wichtiger werdende Wassermessung in geschlossenen Rohrleitungen hat sich bis jetzt in der Nähe von Eßlingen noch keine Gelegenheit geboten. Doch wird von den Schülern bei der Luftmessung in einem Rohr mit dem Flügelrad-Anemometer diese im Prinzip gleiche Meßmethode durchgeführt, wobei auf die Wassermessung in geschlossenen Rohrleitungen hingewiesen wird.

Zahlentafel 10.

Wassermessung mit dem Woltmanschen Flügel im Wehrneckarkanal an der Ulmerschen Brücke am 3. Juli 1923.

Profilmessung.

	a		b		c		d		e		f		g		h		i	
Zeit	9.34	9.36	9.38	9.40	9.42	9.43	9.44	9.45	9.46	9.47	9.48	9.49	9.50	9.51	9.52	9.53	9.54	9.56	9.58
Brückenkante-Sohle in m:	2,485	2,788	3,200	3,330	3,415	3,525	3,555	3,610	3,650	3,638	3,637	3,630	3,580	3,536	3,460	3,382	3,245	2,950	2,692
Brückenk.-Spiegel in m:	2,030	2,050	2,070	2,095	2,125	2,170	2,218	2,250	2,288	2,300	2,288	2,255	2,220	2,185	2,140	2,120	2,084	2,060	2,035
Wassertiefe in m:	0,455	0,738	1,130	1,235	1,290	1,355	1,337	1,360	1,362	1,338	1,349	1,375	1,360	1,351	1,320	1,262	1,161	0,890	0,657
Brückenk.-Schlick in m:	2,250	2,652	3,134																

0,925   1,850   1,850   1,850   1,850   1,850   1,850   1,850   1,850   0,925 m

Geschwindigkeitsmessung.

Bezeichnung des Flügels: Ott Nr. 3233 Schaufel 1.

Reihe	a	b	c	d	e	f	g	h	i
6	Zeit t h_b n/sk	11.35 99,0 1,20 1,515	11.34 72,5 1,20 2,070	11.32 67,0 1,20 2,239	11.31 64,4 1,20 2,329	11.29 69,2 1,20 2,167	11.28 66,4 1,20 2,259	11.25 75,4 1,20 1,990	— — — —
5	— — — —	11.13 92,0 1,00 1,630	11.15 69,6 1,00 2,155	11.16 68,6 1,00 2,186	11.17 67,0 1,00 2,238	11.19 66,0 1,00 2,272	11.20 66,0 1,00 2,273	11.22 71,6 1,00 2,094	11.24 100,6 1,00 1,491
4	— — — —	11.10 91,2 0,80 1,645	11.08 70,8 0,80 2,119	11.07 70,2 0,80 2,136	11.05 67,5 0,80 2,222	11.04 71,3 0,80 2,104	11.03 72,0 0,80 2,083	11.02 75,0 0,80 2,000	11.00 97,5 0,80 1,538
3	10,43 113,6 0,60 0,880	10.46 59,5 0,60 1,682	10.47 51,0 0,60 1,962	10.49 50,4 0,60 1,985	10.50 48,4 0,60 2,068	10.51 48,5 0,60 2,063	10.52 47,5 0,60 2,106	10.54 50,2 0,60 1,993	10.57 72,0 0,60 1,390
2	10.41 121,4 0,40 0,823	10.38 64,2 0,40 1,558	10.37 59,0 0,40 1,695	10.35 57,4 0,40 1,743	10.34 51,2 0,40 1,955	10.33 52,0 0,40 1,923	10.32 53,8 0,40 1,860	10.30 57,0 0,40 1,755	10.29 77,4 0,40 1,292
1	10.05 167,6 0,20 0,596	10.09 83,0 0,20 1,206	10.11 68,0 0,20 1,471	10.13 66,8 0,20 1,498	10.15 57,0 0,20 1,755	10.17 62,0 0,20 1,614	10.21 64,4 0,20 1,553	10.23 71,2 0,20 1,405	10.26 94,7 0,20 1,056

h_b = Abstand der Flügelachse vom Boden in Metern.

t = Zeit für $\dfrac{100}{150}$ Umdrehungen des Flügels für Reihe $\dfrac{1-3}{4-6}$.

n/sk = Zahl der Flügelumdrehungen in 1 Sekunde.

Pegelstände.

Zeit h min	Pegel cm	Zeit h min	Pegel cm
9.34	28,0	10.05	28,3
36	28,0	10	28,3
38	28,3	15	28,5
40	28,2	20	28,6
42	27,9	25	28,5
43	28,0	30	28,4
44	28,0	35	28,3
45	28,3	40	28,3
46	28,2	45	28,1
47	28,0	50	28,1
48	28,1	55	28,0
49	28,2	11.00	26,2
50	28,3	05	26,7
51	28,2	10	26,5
52	28,3	15	26,3
53	28,4	20	26,0
54	28,1	25	25,7
56	28,5	30	25,7
58	28,3	35	25,6

II. Anhang.

Die Messung kleinster Wassergeschwindigkeiten mit dem hydrometrischen Flügel.

Einleitung.

Die Empfindlichkeit des hydrometrischen Flügels gegen Geschwindigkeitsänderungen ist bei einem richtig gebauten und in gutem Zustand befindlichen Instrument überraschend groß. Diese Tatsache läßt sich am einwandfreiesten bei Flügeleichungen beobachten und feststellen. Ist beispielsweise bei einer solchen Schleppfahrt aus irgendwelchen Gründen, absichtlich oder unabsichtlich, die Wagengeschwindigkeit auf verschiedenen Wegstrecken etwas verschieden und wertet man den dabei erhaltenen Chronographenstreifen für diese Unterabteilungen gesondert aus, so zeigt sich, daß die Versuchspunkte nicht willkürlich zerstreut liegen, sondern, abgesehen von den unvermeidlichen Beobachtungsfehlern, sich der ausgleichenden Eichkurve anpassen, ein Beweis somit für die Empfindlichkeit des Flügels.

Auch die Empfindlichkeit der modernen Flügel für kleine Geschwindigkeiten ist bemerkenswert. So läuft bei besonders guter Lagerung und geeigneter Schaufelgröße ein normaler hydrometrischer Flügel bei Schleppfahrten noch stetig, wenn auch nicht immer mit völlig konstanter Winkelgeschwindigkeit, bis herab zu 0,03 und sogar 0,02 m/sk. Doch treten bei so kleinen Geschwindigkeiten, beiläufig unter 0,06—0,08 m/sk, je nach der Schaufelgröße Erscheinungen auf, die sich den mit Flügeleichungen Vertrauten immer wieder zeigen und für die eine befriedigende Erklärung noch nicht gefunden ist. In der Regel macht man hierfür die Achsenreibung verantwortlich, doch zeigt sich oft ein so merkwürdiger, scheinbar anomaler Verlauf der Versuchspunkte, die aber in sich wieder einer gewissen Gesetzmäßigkeit zu unterliegen scheinen, daß zweifellos hierbei noch andere Einflüsse als die der mechanischen Reibung allein maßgebend sind. Von L. Ott wurde schon die Vermutung ausgesprochen, daß vielleicht an die kritische Geschwindigkeit des Wassers gedacht werden müßte.

Ein Beispiel für das, was in solchem Fall gemeint ist, lieferte die Eichung des Ott-Flügels Nr. 3233 vom 30. Juli 1923 (Abb. 29 weiter oben), die teilweise in anderem Maßstab in Abb. 35 aufgenommen ist; sie ist hier mit $G = 0$ bezeichnet. Die Eichkurve verläuft bis zu $v = 0,077$ m/sk herab vollkommen normal und einwandfrei. Darunter liegen jedoch zwei Punkte, die vollständig aus dem normalen Verlauf herausfallen. Es sind keine Beobachtungs- oder Rechenfehler, wie zahlreiche andere Eichkurven beweisen. — Auch bei der Eichkurve des Ott-Flügels Nr. 3363 (Abb. 28) ist dieser Wendepunkt angedeutet. Diese Erscheinung ist allerdings nur dann zu beobachten, wenn die Schleppfahrten sehr sorgfältig gemacht und ausgewertet werden.

Für die praktische Verwendung des Flügels spielen diese Anomalien keine besonders große Rolle. Der Flügel versagt erst dann, wenn die zu messende Wassergeschwindigkeit unter seine tatsächliche Anlaufgeschwindigkeit kommt oder infolge der Pulsation des Wassers zeitweise darunter liegt. Solche geringe Geschwindigkeiten kommen z. B. in den Versuchsgerinnen der Flußbaulaboratorien oder in Bewässerungsgräben vor, wobei Messungen bis Null herunter erforderlich sind.

Eine analoge Aufgabe wurde für Anemometer bereits in der Weise gelöst, daß durch einen konstanten sekundären Luftstrom das Flügelrad angetrieben wird, selbst wenn sich das Instrument in ruhender Luft befindet. Bewegt sich die Luft, so übt sie auf das Flügelrad ein zusätzliches Drehmoment aus, das nunmehr, wenn auch noch so klein, gemessen werden kann.

Es ist das Verdienst von E. B. H. Wade[1]), einen ähnlichen Gedanken auf den hydrometrischen Flügel übertragen zu haben.

Spult man auf die Flügelachse einen Faden, führt ihn aus dem Wasser über eine Rolle und belastet das freie Ende mit einem Gewicht, so übt dieses ein Drehmoment aus. Je nach der Größe des Drehmomentes ist die Tourenzahl des Flügels verschieden groß, doch ist sie für ein und dasselbe Drehmoment in ruhendem Wasser, wie der Versuch zeigt, sehr konstant. Wade ging nun einen Schritt weiter und setzte den so in Bewegung erhaltenen Flügel in strömendes Wasser, das alsdann eine zusätzliche Geschwindigkeit auf den sich drehenden Flügel ausübt. Der Flügel befindet sich nun nicht mehr in der Nähe seiner Nullgeschwindigkeit, wo er mehr oder weniger versagt, sondern er arbeitet in einem Meßbereich, wo die teilweise unerklärten Einflüsse nicht mehr oder nicht merkbar vorhanden sind.

Verfasser hat anläßlich eines Besuches bei der Firma A. Ott im März 1924 dort den Bericht von Wade kennen gelernt und sofort die Nachprüfung des darin steckenden Gedankens mit den besseren Hilfsmitteln des Eßlinger Laboratoriums ins Auge gefaßt. Durch die Unter-

---

[1]) Wade, E. B. H.: Report on Investigations into the Improvement of River Discharge Measurements. Part II and III. 1922; Part V. 1924. Cairo: Government Press.

stützung der Firma Ott konnten die wenigen nötigen Ergänzungs-
vorrichtungen schnell geschaffen werden, so daß nach kurzer Zeit die
ersten Resultate vorlagen.

Anordnung und Durchführung der Versuche.

Um die Flügelachse wird ein dünner Faden — Garn Nr. 80 — in
3—4 Lagen geschlungen, nach
oben über zwei in Spitzen ge-
lagerte Rollen, Planimeterrollen,
geführt und durch zwei 15 g
schwere Teller sowie durch zwei
Gewichte von 30 g gespannt ge-
halten (Abb. 32). Darauf können
weitere Treibgewichte, bis zu
60 g, gelegt werden. Zur Führung
der Gewichte dienen zwei 1 m
lange Messingrohre, die unten mit
trompetenartig sich erweiternden Holztüllen versehen sind,
damit die Gewichte beim Auf-
wärtsgang nicht hängenbleiben.
Zwei unten angehängte Holznäpfe
dienen zum Auffangen der Gewichte bei Fadenbruch. Die
ganze Vorrichtung ist auf ein
einfaches Holzgestell montiert,
kann an der Flügelstange ver-
schoben und in beliebiger Höhe
festgeklemmt werden. Der verhältnismäßig große Abstand der
Rollen war durch den mechanischen Aufbau des zuerst verwendeten Instrumentes bedingt
und wurde später um 20 cm ver-
kleinert. — Je nachdem der rechte
oder linke Teller belastet wird,
dreht sich der Flügel in dem
einen oder entgegengesetzten
Sinn. Das durch die Gewichte
ausgeübte Drehmoment kann
also die Bewegung des Flügels be-

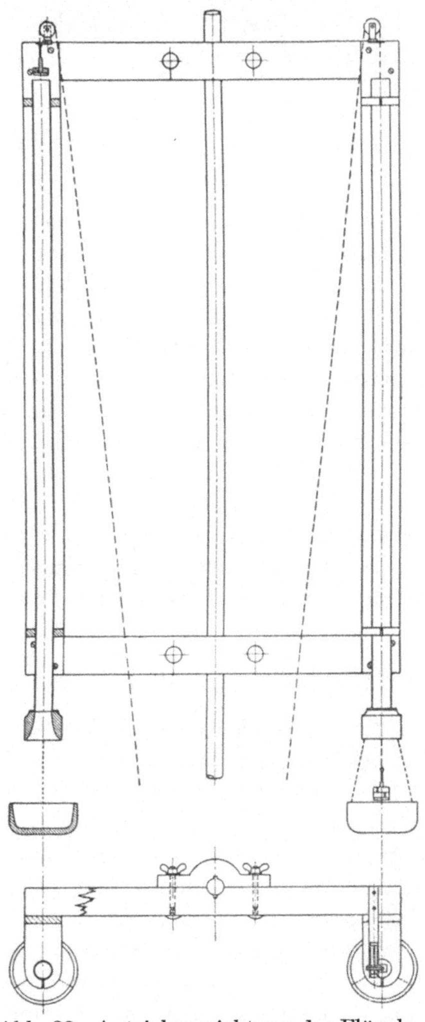

Abb. 32. Antriebvorrichtung des Flügels
nach Staus.

schleunigen oder verzögern. Bei den Versuchen des Verfassers, die zunächst nur auf die praktische Anwendung der Methode bei Wasser-

messungen abzielten, wurden die Gewichte stets so aufgelegt, daß sie im gleichen Sinne wie die Bewegung des Flügels im strömenden Wasser wirkten.

Es wurden nun mit jedem der untersuchten Flügel folgende Versuchsreihen durchgeführt:

1. Feststellung der Tourenzahl des Flügels an ruhender Stange in ruhendem Wasser in Abhängigkeit vom Drehmoment.

2. Eichung des Flügels in ruhendem Wasser durch Schleppversuche.

Feststellung der Tourenzahl des Flügels an ruhender Stange in ruhendem Wasser.

Der Flügel war an seiner Stange am Meßwagen befestigt, an die auch die beschriebene Vorrichtung angeklemmt war, und etwa 40 cm unter dem Wasserspiegel. Auf den Gewichtsteller wurden nacheinander um je 5 g steigende Gewichte bis zu maximal 60 g aufgelegt. Das hierdurch ausgeübte Drehmoment verleiht der Flügelachse bei den einzelnen Versuchen eine nahezu völlig konstante Winkelgeschwindigkeit, wie aus den Aufzeichnungen des Chronographen hervorgeht[1]). Um den Apparat wieder in seine Anfangsstellung zu bringen, legt man einfach auf den zweiten hochgegangenen Teller ein etwas schwereres Gewicht als das Treibgewicht. Dadurch ist es nicht erforderlich, wie bei der ursprünglichen Anordnung von Wade, den ganzen Apparat aus dem Wasser zu nehmen und den Faden frisch aufzuspulen. Der Faden wandert bei des Verfassers Anordnung auf der Flügelachse nur etwas hin und her.

Die Eichung des Flügels durch Schleppversuche.

Außer der normalen Eichfahrt, d. h. bei $G = 0$, wurden bei dem ersten untersuchten Flügel Schleppfahrten mit $G = 15$, 30, 45 und 60 g bei Geschwindigkeiten bis zu 0,45 m/sk im positiven Sinne und Rückwärtsfahrten bis zu jenen Geschwindigkeiten ausgeführt, bei welchen der Flügel stehenblieb, wobei also das durch das Gewicht ausgeübte Drehmoment dem durch die relative Wasserströmung sich ergebenden das Gleichgewicht hielt. Diese Rückwärtsfahrten haben zunächst keine allzu große praktische Bedeutung, doch lassen sie den Verlauf der Eichkurven bei ihrem Durchgang durch die n-Achse besser erkennen. — Bei den übrigen untersuchten Schaufeln wurde neben der normalen Eichfahrt meist nur noch mit $G = 30$ und 60 g gearbeitet.

---

[1]) Ähnliche Versuche sind von L. A. Ott in genau der beschriebenen Weise schon im Jahre 1920 angestellt, aber nicht veröffentlicht worden.

Für die ersten Versuchsreihen wurden zwei im Besitze des Maschinenlaboratoriums befindliche Ott-Flügel verwendet. Die dabei gewonnenen Erfahrungen führten zum Bau eines neuen Instrumentes, mit dem drei typische Schaufeln normaler Fabrikation ausprobiert wurden. Mit der sich am besten eignenden Schaufel wurden schließlich als Probe auf das Exempel normale Wassermessungen im Meßkanal bei verschiedenen mittleren Geschwindigkeiten durchgeführt, welche durch Schirm- und Überfallmessungen kontrolliert werden konnten.

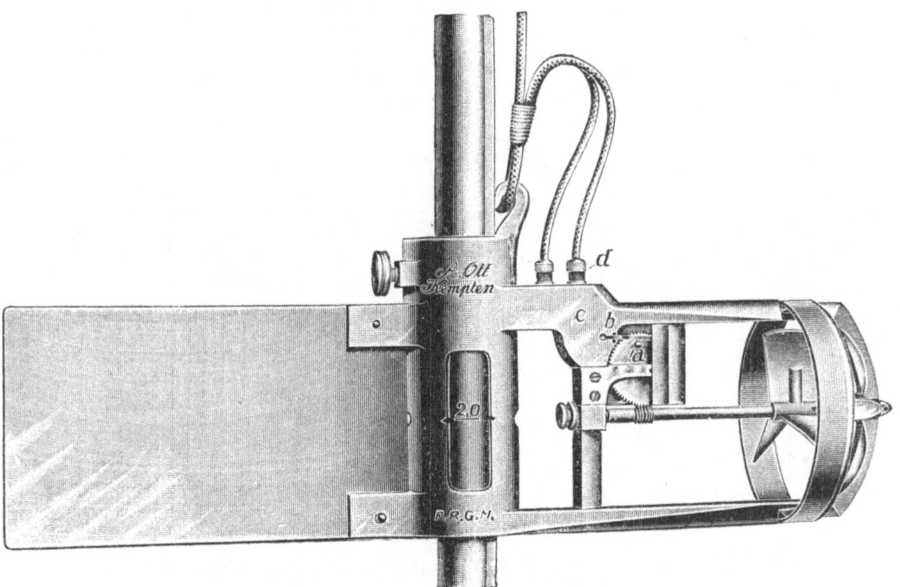

Abb. 33.   Ott-Flügel, Type IX c.

Versuche mit dem Ott-Flügel Nr. 3233.

Zur Verwendung kam zunächst der normale Ott-Flügel Nr. 3233 (Type IX c) mit wasserfreiem Kontakt nach je 25, 50 und 100 Umdrehungen (Abb. 33). Für die normale Flügeleichung war er bereits vom Verfasser mit dem auf S. 35 beschriebenen Quecksilberkontakt versehen worden, der, unmittelbar mit der Flügelachse verbunden, einen Stromschluß bei jeder einzelnen Umdrehung gibt. Dieser Flügel schien sich für die Versuche besonders zu eignen, da er ein längeres Stück seiner zylindrischen Achse frei läßt, um das der treibende Faden geschlungen werden konnte.

Der Zusammenhang zwischen Drehmoment und Tourenzahl des Flügels an ruhender Stange in ruhendem Wasser läßt sich graphisch darstellen [Abb. 34][1]). — In der logarithmischen Darstellung liegen die Punkte auf einer geraden Linie, deren Gleichung sich zu

$$n = 2{,}065\,(M - 1)^{0{,}541}$$

ermittelt, worin M das Drehmoment und n die Tourenzahl in der Sekunde bedeutet.

Bemerkenswert ist die Streuung der Versuchspunkte bei kleinen Tourenzahlen. Diese Punkte wurden nicht ausgeschaltet, sondern sind

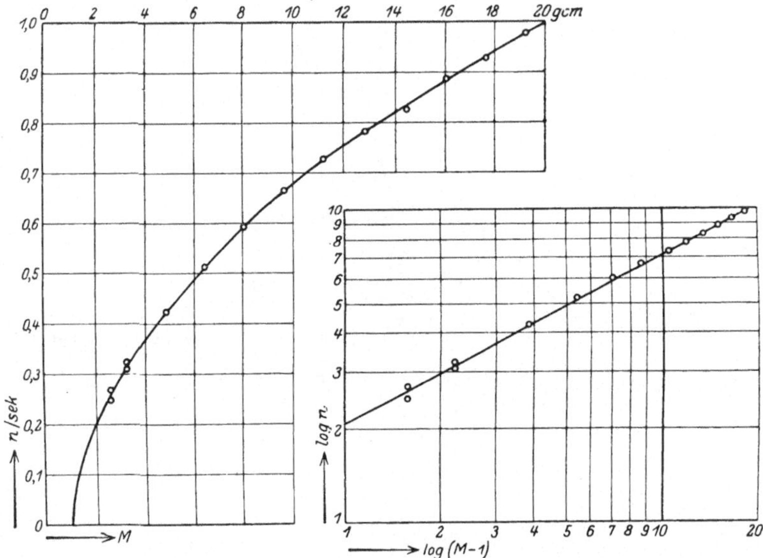

Abb. 34. Drehmoment und Tourenzahl des Ott-Flügels Nr. 3233 an ruhender Stange im ruhenden Wasser.

so, wie sie der Versuch ergeben hat, eingetragen, da sie geeignet sind, ein gewisses Licht auf die noch unerklärten Erscheinungen bei kleinen Geschwindigkeiten zu werfen.

Die vollständige normale Eichkurve wurde bereits in Abb. 29 mitgeteilt. Sie ist in Abb. 35 nur so weit als erforderlich eingetragen und mit $G = 0$ bezeichnet. — Das Ergebnis der Eichfahrten mit $G = 15$, 30, 45 und 60 g zeigt jeweils in ganz gleichmäßiger Weise über der n-Achse ein Minimum, unter der n-Achse ein Maximum für v, was die Brauchbarkeit des Verfahrens in Frage zu stellen schien. Denn zu einem bestimmten n liefern die Kurven bei kleinen Geschwindigkeiten, und

---

[1]) Von einer zahlenmäßigen Wiedergabe der vielen Beobachtungen — es wurden über 1000 Einzelversuche und Schleppfahrten durchgeführt, — wurde aus naheliegenden Gründen abgesehen. Die graphischen Darstellungen sind viel übersichtlicher und reichen für vorliegende Zwecke vollständig aus.

gerade auf diese kommt es an, zwei Werte für v. Da bei den Wad eschen
Untersuchungen der Kurvencharakter diese Doppelwertigkeit nicht

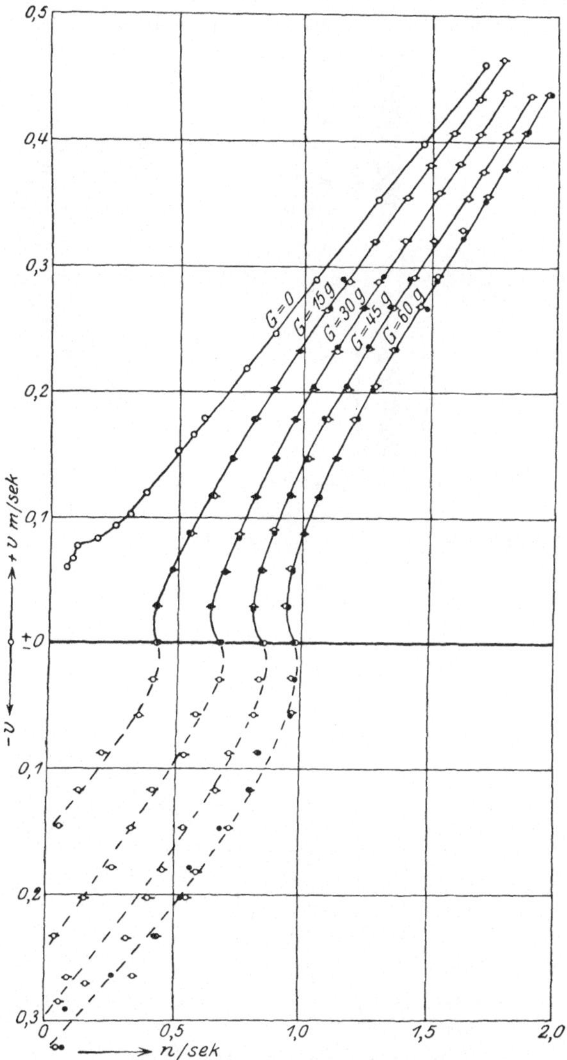

Abb. 35. Eichkurven des Ott-Flügels Nr. 3233 mit
$G = 0$, 15, 30, 45 und 60 g Treibgewicht.

aufwies, so lag die Vermutung nahe, daß entweder die Schaufelform
oder der mechanische Aufbau des ganzen Instruments Ursache dieser
Erscheinung war.

Versuche mit dem Ott-Flügel Nr. 3363.

Der Flügel Nr. 3363, dessen äußeren Aufbau Abb. 36 zeigt, besitzt eine schrägkantige, vollkommen frei liegende Schaufel von 12 cm Durchmesser. Er ist mit wasserfreiem Kontakt nach 10 und 20 Umdrehungen

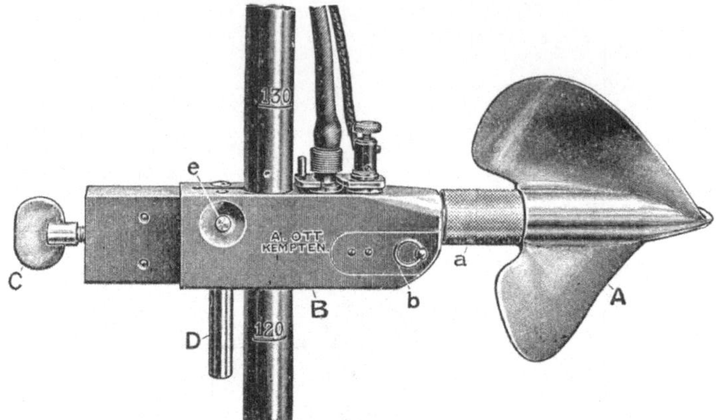

Abb. 36. Ott-Flügel, Type V.

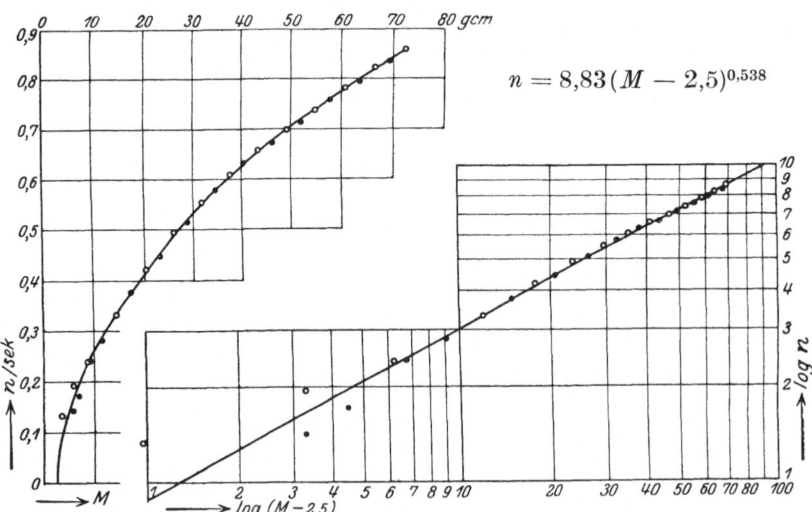

$$n = 8{,}83\,(M - 2{,}5)^{0{,}538}$$

Abb. 37. Drehmoment und Tourenzahl des Ott-Flügels Nr. 3363 an ruhender Stange in ruhendem Wasser.

ausgerüstet, der jedoch für die Versuche nicht verwendet wurde. Das Instrument wurde am Ende der randerierten Hülse a mit einem Einzelkontakt versehen, und ferner wurde diese Hülse für die Aufnahme des treibenden Fadens auf der Hälfte ihrer Länge 23 mm im Durchmesser

zylindrisch abgedreht. Dieser verhältnismäßig große Durchmesser
gestattete mit der Versuchseinrichtung nur 15—16 Umdrehungen des
Flügels, so daß schon von vornherein klar war, er würde sich aus diesem

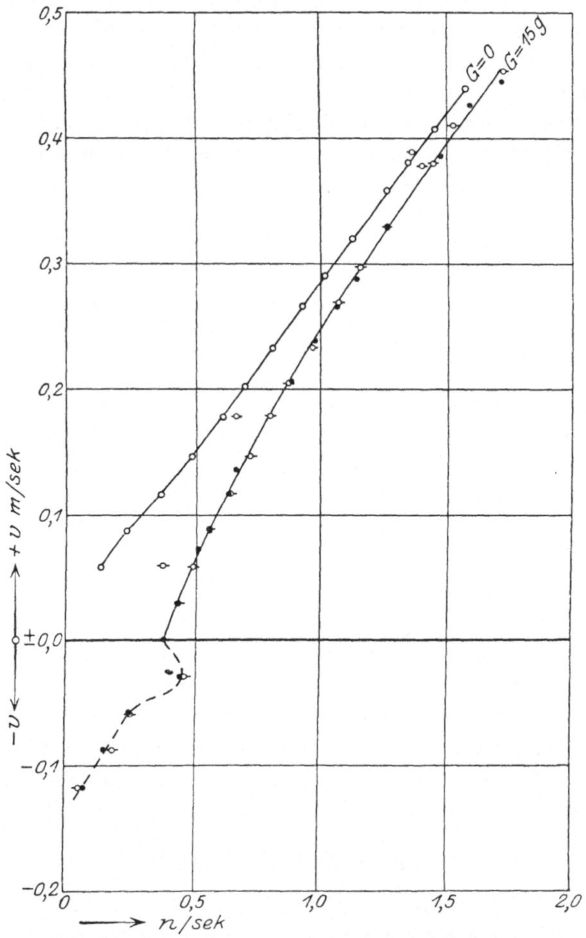

Abb. 38. Eichkurven des Ott-Flügels Nr. 3363 mit $G = 0$
und 15 g Treibgewicht.

rein äußerlichen Grunde zu Wassermessungen nach dem neuen Verfahren
wenig eignen.

Die Ergebnisse der Versuche bei ruhender Stange in ruhendem
Wasser sind in Abb. 37 dargestellt. Der Flügel lief schon mit 5 g Belastung und dem Einzelkontakt, der immerhin etwas Reibung ver-
ursachte, gleichmäßig. Bei ausgeschalteter Kontaktfeder lief er noch
bei 3 g Belastung, wobei ausnahmsweise die Tourenzahl durch unmittel-

bares Abzählen der Flügelumdrehungen und mit einer Stoppuhr bestimmt wurden.

Die Eichung des Flügels in ruhendem Wasser wurde in derselben Weise wie bei Flügel Nr. 3233 vorgenommen. Die Resultate sind in Abb. 38 dargestellt. Es sind hierbei alle Versuchspunkte aufgenommen, auch diejenigen, die infolge einer Fadenstörung mit groben Fehlern behaftet sind.

Das wichtigste Ergebnis bei positiver Schlepprichtung ist, daß die Eichkurve kein Minimum mehr zeigt, daß sich also dieser Flügel grundsätzlich für das vorliegende Verfahren eignet.

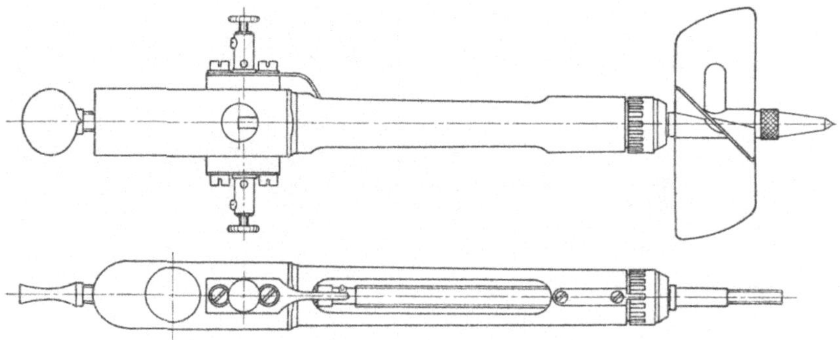

Abb. 39. Ott-Flügel Nr. 3696.

Die Versuche wurden nur mit $G = 15$ g durchgeführt, weil bei noch größerem Treibgewicht und bei seiner beschränkten Fallhöhe die Versuchsdauer zu kurz geworden wäre.

Nach den bisher gemachten Erfahrungen schien es zweckmäßig, für die weitere Untersuchung einen besonderen Instrumentenkörper zu bauen, an dem sich die verschiedenen auszuwählenden Schaufeln ansetzen ließen.

Versuche mit dem Ott-Flügel Nr. 3696.

Auf Wunsch des Verfassers hat die Firma Ott in entgegenkommender Weise innerhalb weniger Tage das in Abb. 39 dargestellte Instrument gebaut.

Die Flügelachse läuft vorn in einem Kugellager, hinten gegen eine Spitze und ist durch einen senkrechten Schlitz im Instrumentenkörper auf dem größten Teil ihrer Länge frei gelegt. Auf das freie Ende der Achse können normale Schaufeln aufgesetzt werden. Die Achse ist hinten nur mit Einzelkontakt versehen, da die Registrierung der Umdrehungen doch stets mit dem Chronographen erfolgte. — Um dem treibenden Faden eine bessere Führung auf der Achse zu geben, ist sie mit einem Gewinde von 1 mm Steigung versehen, das eine gegenseitige

Störung der Fadenwindungen ausschließt[1]). Das Gewinde ist im Grunde nicht scharf, sondern wie beim Trapezgewinde flach ausgeschnitten, die äußeren Kanten sind abgerundet. — Der Instrumentenkörper ist vollkommen symmetrisch gebaut und verursacht durch seine schlanke Form nur geringen Stau bei Vor- und Rückwärtsfahrt.

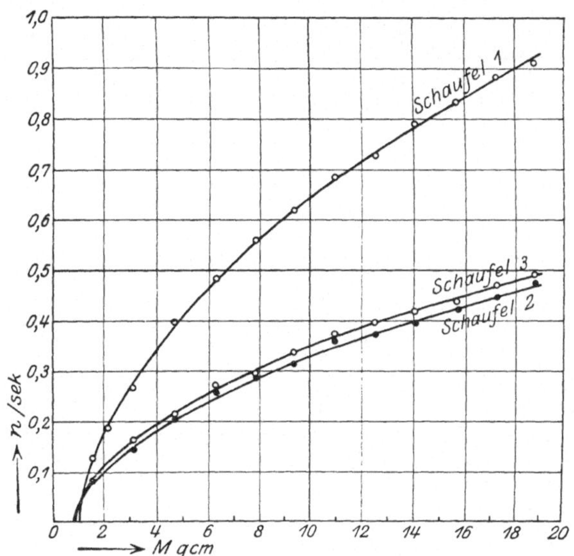

Abb. 40. Drehmoment und Tourenzahl des Ott-Flügels Nr. 3696 mit den Schaufeln 1, 2 und 3 an ruhender Stange in ruhendem Wasser.

Das Instrument wurde mit folgenden Schaufeln ausgerüstet:

1. dreiteilige Schaufel, 9 cm Durchmesser, 25 cm Steigung, wie bei dem untersuchten Flügel Nr. 3233;

2. schrägkantige Schaufel, zweiteilig, 12 cm Durchmesser, 25 cm Steigung, wie bei dem Flügel Nr. 3363.

3. Speichenschaufel, dreiteilig, 12 cm Durchmesser, 25 cm Steigung.

Die Versuchsergebnisse mit diesen drei Schaufeln sind für Flügel an ruhender Stange in ruhendem Wasser in Abb. 40 und für die Schleppfahrten bei $G = 0$, 30 und 60 g in Abb. 41—43 wiedergegeben.

Die Eichkurven sämtlicher Schaufeln mit dem neuen Instrumentenkörper haben das gemeinsam, daß sie über der n-Achse bei dem größeren Treibgewicht von 60 g in mehr oder minder hohem Grade bei den kleinen Geschwindigkeiten jenes Minimum zeigen, das sie für das in Frage stehende Verfahren unbrauchbar macht. Bei $G = 30$ g zeigen alle

---

[1]) Wie sich nachträglich herausstellte, wäre eine Gewindesteigung von nur 0,8 mm vorteilhafter gewesen.

drei Kurven stetige Zunahme von v mit n, am geringsten jedoch Schaufel 1, die nicht nur aus diesem Grunde, sondern auch wegen ihrer im Vergleich

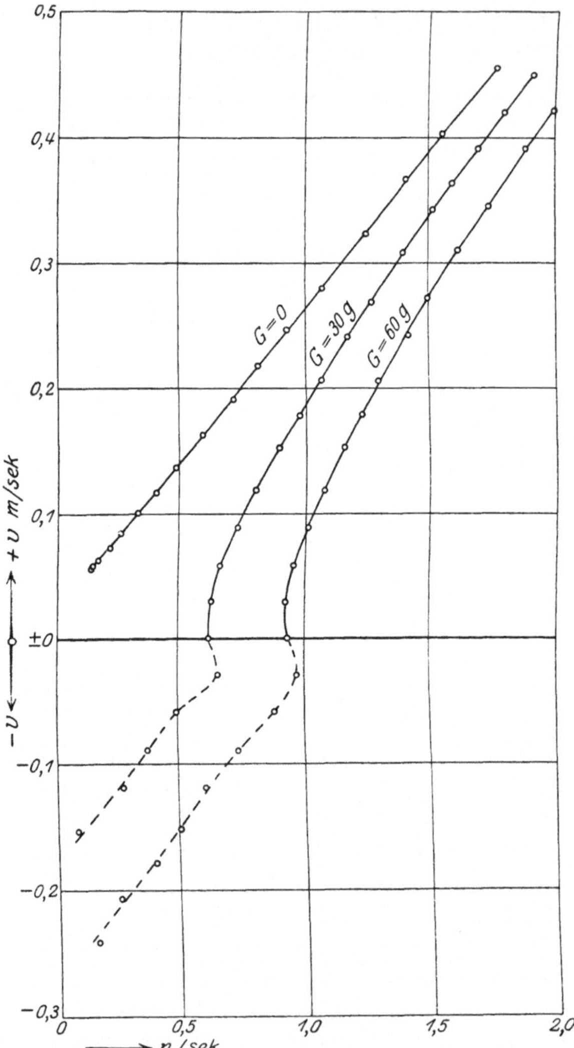

Abb. 41. Eichkurven des Ott-Flügels Nr. 3696 mit Schaufel 1 bei $G = 0$, 30 und 60 g Treibgewicht.

mit den beiden andern untersuchten Schaufeln durch ihren geringeren Durchmesser bedingten größeren Anlaufgeschwindigkeit für die weiteren Versuche ausgeschaltet wurde.

Man darf somit die Treibgewichte nur so groß nehmen, daß die Achsenreibung womöglich gerade kompensiert und nicht überkompensiert wird.

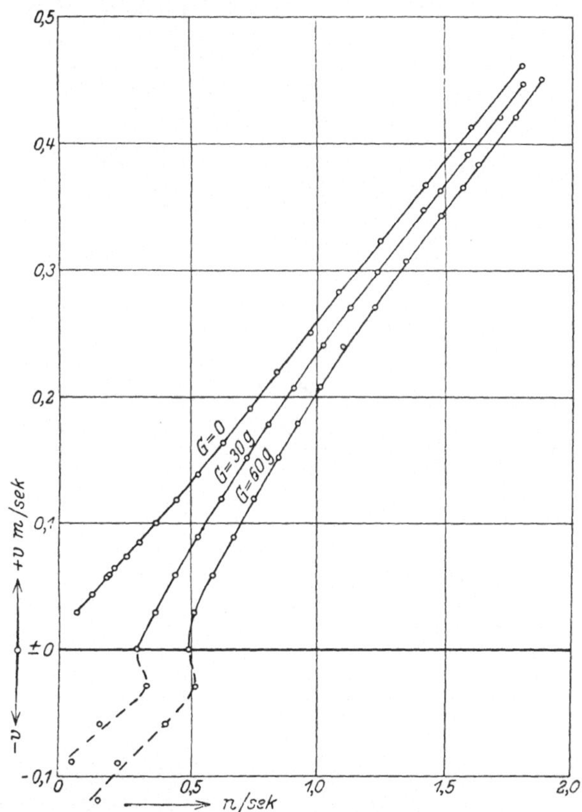

Abb. 42.   Eichkurven des Ott-Flügels Nr. 3696 mit Schaufel 2 bei $G = 0$, 30 und 60 g Treibgewicht.

Die Eichkurven der Schaufeln 2 und 3 bei $G = 30$ g entsprechen nahezu gleichwertig den hier zu stellenden Bedingungen, etwas günstiger stellt sich Schaufel 2 dar, so daß schließlich diese Schaufel allein in der Folge für die praktische Anwendung berücksichtigt wurde. — Ein späterer Versuch mit Schaufel 2 bei $G = 20$ g ergab nahezu denselben Charakter der Eichkurve wie bei $G = 30$ g.

Anwendung des neuen Verfahrens auf eine Wassermessung.

Über die Zuverlässigkeit und den Genauigkeitsgrad einer Wassermessung nach dem neuen Verfahren können nur Vergleichsversuche entscheiden, d. h. es muß das Messungsergebnis auch noch auf andere

Weise kontrolliert werden können. Der Meßkanal des Turbinenlaboratoriums bot auch hierfür eine günstige Gelegenheit, weil sich die Wassermenge auch noch mit einem geeichten Trapezüberfall (S. 23) bestimmen ließ. Die mittlere Wassergeschwindigkeit im Kanal konnte

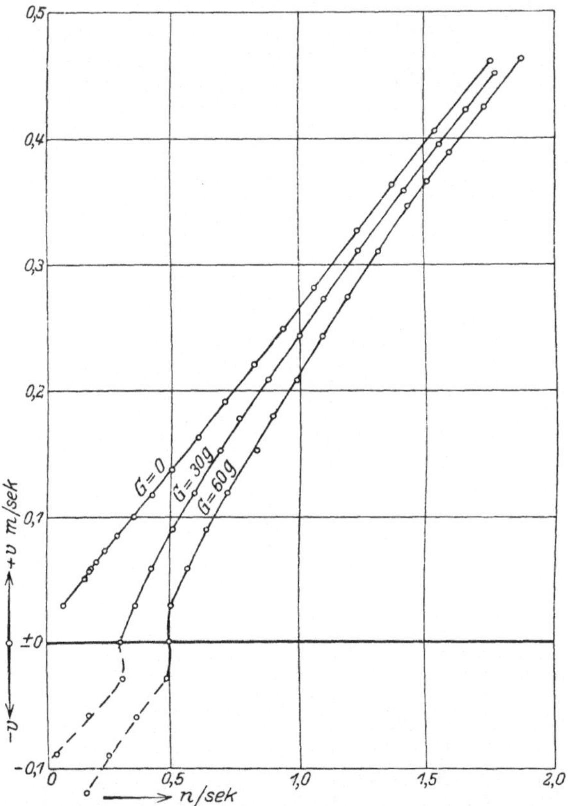

Abb. 43. Eichkurven des Ott-Flügels Nr. 3696 mit
Schaufel 3 bei $G = 0$, 30 und 60 g Treibgewicht.

durch die Einlaßschleuse nach Belieben reguliert und mit dem Meßschirm kontrolliert, wenn auch nicht aus den weiter oben dargelegten Gründen exakt bestimmt werden.

Das Versuchsprogramm ergab sich daher wie folgt.

Am unteren Ende der geraden Strecke des Meßkanals wurde in die Abschlußwand der 90°-Trapezüberfall eingebaut, dessen Überfallhöhe sich an dem seitlich angeordneten empfindlichen Schwimmerpegel ablesen ließ. Während der Flügelmessung wurde dieses Pegel regelmäßig alle 2 Minuten notiert.

Die Flügelmessung fand in einer Entfernung von 4,6 m vom Überfall
kanalaufwärts statt. Dabei wurden in dem 1,5 m breiten Kanal in
6 Lotrechten gemessen, deren Abstände von der Kanalwand bzw. voneinander 0,10, 0,20, 0,30, 0,30, 0,20, 0,10 m betrugen. Die Höhenlagen
der Meßpunkte waren zur Erzielung einer möglichst genauen Vertikal-

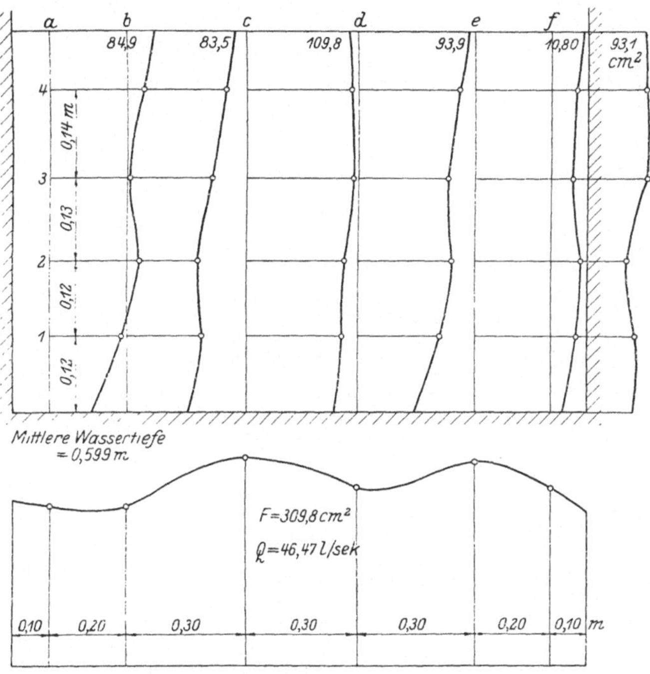

Abb. 44.   Wassermessung Nr. 6 im Schirmkanal.

geschwindigkeitskurve vom Boden aus bzw. voneinander 0,12—0,15 m. —
Um die Verstellung des Apparates und des Flügels auf ein Mindestmaß
zu beschränken, wurde in Äquidistanten zur Sohle durchgemessen und vor
und nach jeder solchen Messungsreihe die mittlere Geschwindigkeit des
Wassers mit dem Schirm kontrolliert. — Die Messungen wurden mit
$G = 30$ g durchgeführt. Die Fallhöhe von etwas über 1 m ergab 60 Flügelumdrehungen. An jedem einzelnen Profilpunkt blieb der Flügel so lange,
bis sich auf dem Chronographenstreifen 28—30 Kontakte markiert
hatten. So wurde mit einer Fallhöhe die Geschwindigkeit in zwei Profil-
punkten unmittelbar nacheinander ermittelt, was die Versuchsdauer
wesentlich abkürzte, da selbst dann noch eine vollständige Wassermessung etwas über 2 Stunden beanspruchte.

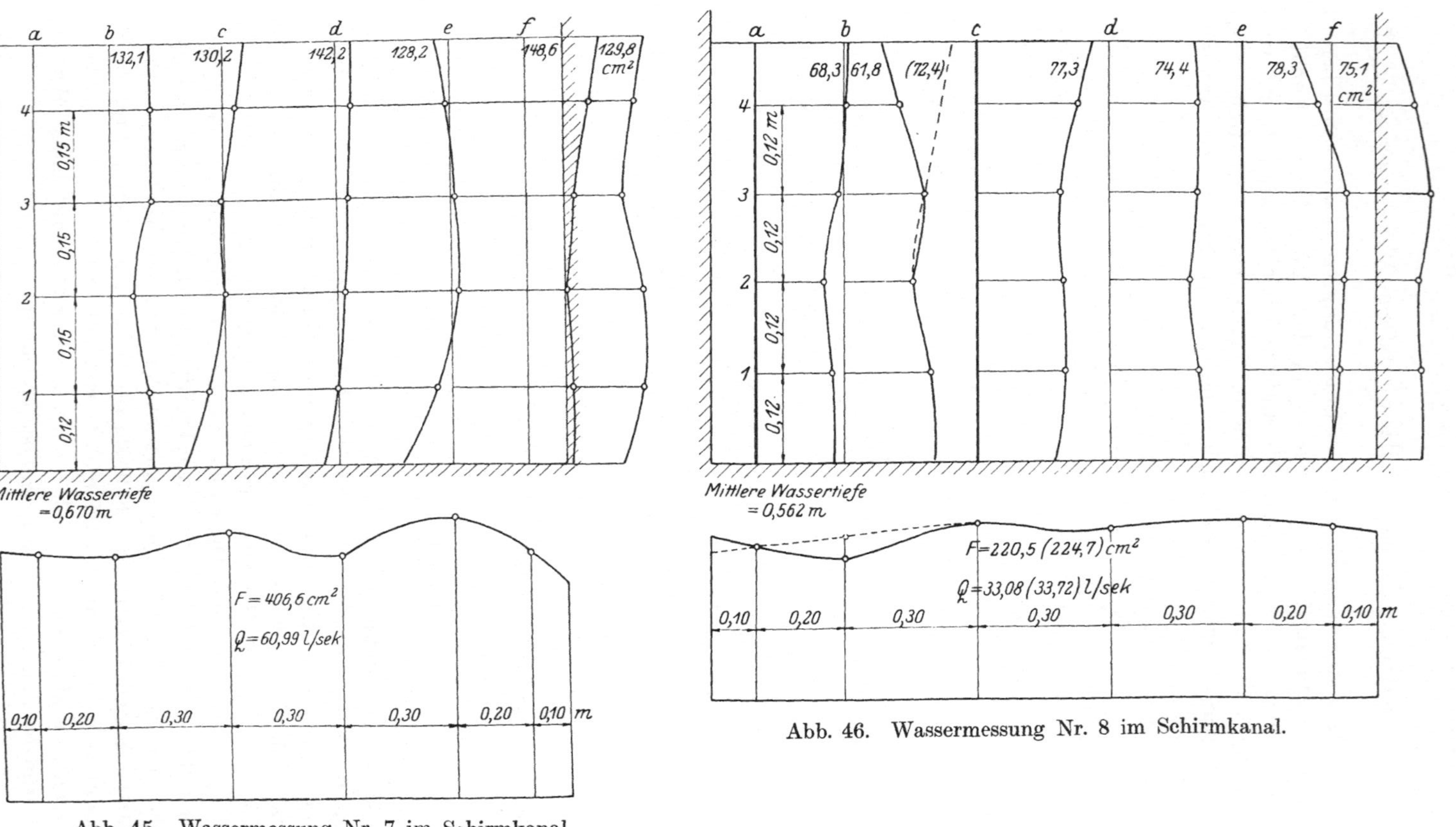

Abb. 45. Wassermessung Nr. 7 im Schirmkanal.

Abb. 46. Wassermessung Nr. 8 im Schirmkanal.

Die graphische Auswertung von 3 solchen Wassermessungen bei mittleren Geschwindigkeiten von rund 5, 6 und 4 cm/sk sind in Abb. 44 bis 46 dargestellt. Es ergibt sich hieraus folgende Übersicht:

Wasser- messung Nr.	Mittlere Ge- schwindigkeit cm/sk	Wassermenge Überfallmessung l/sk	Nach Flügel- messung l/sk	Differenz in	
				l/sk	%
6	5,10	45,80	46,47	$+\,0,67$	$+\,1,46$
7	6,17	61,97	60,99	$-\,0,98$	$-\,1,58$
8	4,05	34,15	33,08	$-\,1,07$	$-\,3,13$
			(33,72)	(−0,43)	(−1,26)

Würde man bei dem letzten Versuch die aus unbekannter Ursache offenbar nicht ganz einwandfreie Geschwindigkeit in dem einen Meßpunkt 2d, wie in Abb. 46 angedeutet, nach der mittleren Geschwindigkeit aus 1d und 3d verbessern, so würden sich die eingeklammerten Werte der vorstehenden Tabelle ergeben, die· Übereinstimmung zwischen Überfall- und Flügelmessung also noch etwas größer sein. Berücksichtigt man, daß die Geschwindigkeitsverteilung in einem Kanal von rechteckigem Querschnitt, wie bekannt, viel unregelmäßiger ist als in einem natürlichen Flußlauf, so ist der Unterschied bei den vorliegenden Versuchen zwischen Flügel- und Überfallmessung geringfügig; beträgt er doch im Mittel aus den drei Messungen nur rund 1 bzw. 0,5%, ein Ergebnis, das zufriedenstellend ist und die Brauchbarkeit des neuen Verfahrens auch bei Verwendung normaler Schaufeln beweist.